ESO 4

W0371421

Matemáticas Orientadas a las Enseñanzas Académicas

VOLUMEN 2

AUTORES
Damaris Mejía Sánchez-Bermejo
José Manuel Ocaña Fernández
Rosana Romero Torralba

TRABAJO COOPERATIVO
Pere Pujolàs

FLIPPED CLASSROOM
The Flipped Classroom SL
Raúl Santiago Campión (Coordinador)

PROYECTO PBL
Rafaela Gallardo Madueño
José Antonio Muriel Zafra

EMPRENDIMIENTO
César García-Rincón de Castro
Jerónimo García Ugarte

REVISORA TÉCNICA
Maider Goñi Urreta

El 0,7 % de la venta de este libro se destina a proyectos de desarrollo de la ONGD SED (www.sed-ongd.org).

EDELVIVES ESO

VOLUMEN 1

#somoslink con el trabajo cooperativo

U0 Estrategias matemáticas

01 Números reales

1. El número real 20
2. Topología de la recta real 22
3. Aplicaciones de los números reales 24
4. Notación científica. Operaciones 26
5. Estimaciones, aproximaciones y errores 28
6. Radicales y operaciones con radicales 30
7. Racionalización 36
8. Logaritmos 38

HERRAMIENTAS TECNOLÓGICAS
Radicales y logaritmos con Wiris 40
APRENDO A APRENDER 41
REPASO FINAL Y EVALUACIÓN 42

02 Expresiones algebraicas. Polinomios

1. Suma, resta y multiplicación de polinomios 46
2. División de polinomios. Regla de Ruffini 48
3. Valor numérico de un polinomio. Teorema del resto 50
4. Raíces de un polinomio. Teorema del factor 52
5. Factorización de polinomios 54
6. Fracciones algebraicas 56
7. Operaciones con fracciones algebraicas 58

HERRAMIENTAS TECNOLÓGICAS
Polinomios con Wiris 60
APRENDO A APRENDER 61
REPASO FINAL Y EVALUACIÓN 62

03 Ecuaciones e inecuaciones

1. Ecuaciones de primer grado 68
2. Ecuaciones de segundo grado 70
3. Ecuaciones bicuadradas 72
4. Ecuaciones factorizadas y polinómicas. Ecuaciones con fracciones algebraicas 74
5. Ecuaciones irracionales 76
6. Inecuaciones 78
7. Inecuaciones de primer grado con una incógnita 79
8. Inecuaciones de primer grado con dos incógnitas 80
9. Inecuaciones de segundo grado con una incógnita 81
10. Resolución algebraica de problemas 82

HERRAMIENTAS TECNOLÓGICAS
Inecuaciones con Wiris 86
APRENDO A APRENDER 87
REPASO FINAL Y EVALUACIÓN 88

04 Sistemas de ecuaciones y de inecuaciones

1. Sistemas de dos ecuaciones lineales con dos incógnitas 94
2. Sistemas de tres ecuaciones lineales con tres incógnitas 96
3. Método de Gauss 98
4. Sistemas de ecuaciones no lineales 100
5. Sistemas de inecuaciones con una incógnita 102
6. Sistemas de inecuaciones con dos incógnitas 104
7. Aplicaciones 106

HERRAMIENTAS TECNOLÓGICAS
Sistemas de inecuaciones con Wiris 108
APRENDO A APRENDER 109
REPASO FINAL Y EVALUACIÓN 110

#somoslink con la innovación 114
#somoslink con PISA 116

VOLUMEN 2

05 Perímetros, longitudes, áreas y volúmenes

1. Perímetro y áreas de las figuras planas 126
2. Longitudes y áreas de las figuras circulares 128
3. Áreas y volúmenes de poliedros 130
4. Áreas y volúmenes de cuerpos de revolución 132

HERRAMIENTAS TECNOLÓGICAS
Cuerpos sólidos con Wiris 134
APRENDO A APRENDER 135
REPASO FINAL Y EVALUACIÓN 136

06 Semejanza

1. Teorema de Tales 140
2. Figuras semejantes 142
3. Semejanza de triángulos 144
4. Semejanza de triángulos rectángulos 146
5. Relación entre perímetros, áreas y volúmenes de cuerpos semejantes 148

HERRAMIENTAS TECNOLÓGICAS
Semejanza y homotecias con GeoGebra 150
APRENDO A APRENDER 151
REPASO FINAL Y EVALUACIÓN 152

07 Trigonometría

1. Medida de ángulos: el radián 156
2. Razones trigonométricas de un triángulo rectángulo 157
3. Razones trigonométricas de algunos ángulos 158
4. Razones trigonométricas de un ángulo cualquiera 160
5. Relaciones entre las razones trigonométricas 162
6. Reducción de las razones trigonométricas al primer cuadrante 164
7. Aplicaciones de la trigonometría 166

Herramientas tecnológicas
La trigonometría y la calculadora científica 168
Aprendo a aprender 169
Repaso final y evaluación 170

08 Resolución de triángulos

1. Resolución de triángulos rectángulos 176
2. Teorema del seno 178
3. Teorema del coseno 180
4. Resolución de triángulos no rectángulos 182
5. Aplicaciones 184

Herramientas tecnológicas
Resolución de triángulos con GeoGebra 186
Aprendo a aprender 187
Repaso final y evaluación 188

09 Geometría analítica

1. Vectores en el plano 192
2. Operaciones con vectores 194
3. Vectores dependientes e independientes. Base del espacio vectorial. Sistema de referencia 198
4. Ecuaciones de la recta 200
5. Posiciones relativas de dos rectas 202
6. Relaciones métricas 204

Herramientas tecnológicas
Geometría analítica con GeoGebra 208
Aprendo a aprender 209
Repaso final y evaluación 210

#somoslink con la innovación 212
#somoslink con PISA 214

VOLUMEN 3

10 Características globales de las funciones

1. Funciones 222
2. Dominio y recorrido 224
3. Puntos de corte con los ejes 225
4. Continuidad 226
5. Monotonía y puntos extremos 228
6. Curvatura y puntos de inflexión 230
7. Simetría 232
8. Tendencia y periodicidad 233
9. Operaciones con funciones 234
10. Análisis e interpretación de funciones 236

Herramientas tecnológicas
Representación de funciones inversas con GeoGebra 238
Aprendo a aprender 239
Repaso final y evaluación 240

11 Estudio de algunas funciones

1. Funciones afín, constante y lineal 244
2. Función cuadrática 246
3. Funciones x^n y $\sqrt[n]{x}$ 248
4. Función definida a trozos 249
5. Función valor absoluto 250
6. Función de proporcionalidad inversa 251
7. Función exponencial 252
8. Función logarítmica 254
9. Funciones trigonométricas 256

Herramientas tecnológicas
Representación de funciones con GeoGebra 260
Aprendo a aprender 261
Repaso final y evaluación 262

12 Estadística

1. Etapas de un estudio estadístico 266
2. Estadística unidimensional 267
3. Estadística bidimensional 270
4. Dependencia aleatoria y funcional 274
5. Correlación entre dos variables 276
6. Coeficiente de correlación lineal. Interpretación 278
7. Regresión lineal. Rectas de regresión 280

Herramientas tecnológicas
Estadística bidimensional con Excel 282
Aprendo a aprender 283
Repaso final y evaluación 284

13 Combinatoria

1. Técnicas de recuento 288
2. Permutaciones 290
3. Variaciones 292
4. Números combinatorios. Triángulo de Pascal-Tartaglia. Binomio de Newton 294
5. Combinaciones 296

Herramientas tecnológicas
Combinatoria con Excel 298
Aprendo a aprender 299
Repaso final y evaluación 300

14 Probabilidad

1. Sucesos: tipos y operaciones con sucesos 304
2. Probabilidad en experimentos simples 306
3. Probabilidad en experimentos compuestos 310
4. Probabilidad condicionada 314
5. Sucesos dependientes e independientes 315

Herramientas tecnológicas
Cálculo de la probabilidad con Excel 316
Aprendo a aprender 317
Repaso final y evaluación 318

#somoslink con la innovación 320
#somoslink con PISA 322

05 Perímetros, longitudes, áreas y volúmenes

¿Cuál creo que será la mejor manera de estudiar esta unidad?

Fíjate en las imágenes: ¿se puede calcular la longitud, el área o el volumen de lo que aparece representado en ellas? En alguna solo sería posible calcular el área; ¿en cuál? ¿Y en qué otra solo puede determinarse el volumen? Discutid estas cuestiones en clase con el resto de los compañeros.

01 Perímetro y áreas de las figuras planas

El **perímetro,** ***P,*** de una figura plana es la suma de las longitudes de sus lados. La unidad de longitud en el sistema métrico decimal es el **metro, m.**

El **área,** ***A,*** de una figura plana es la medida de la superficie que ocupa. La unidad de superficie en el sistema métrico decimal es el **metro cuadrado, m²,** que es un cuadrado de 1 m de lado.

El **área** de las **figuras planas** más importantes es:

Área del rectángulo

El **área** del **rectángulo** es igual al producto de la longitud de su base, *b,* por la longitud de su altura, *h:*

$$A_{\text{rectángulo}} = b \cdot h$$

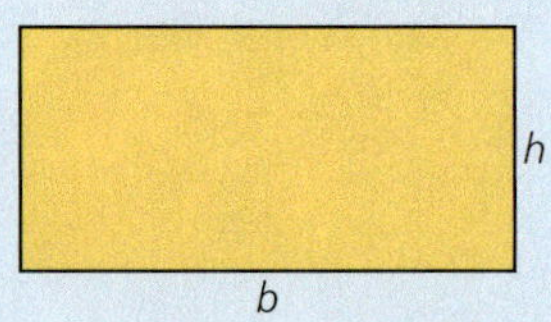

Área del cuadrado

El **área** del **cuadrado** es igual al cuadrado de la longitud de su lado, *l:*

$$A_{\text{cuadrado}} = l \cdot l = l^2$$

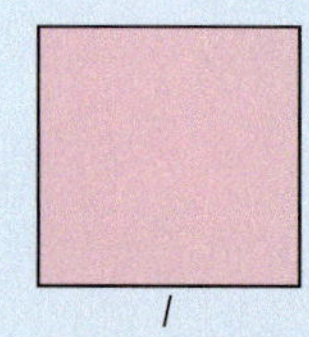

Área del romboide

Mediante una transformación geométrica, el romboide se puede convertir en un rectángulo de igual área y con la misma base, *b,* y altura, *h:*

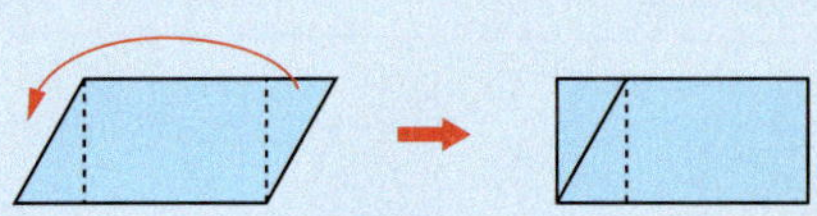

El **área** del **romboide** es igual al producto de la longitud de su base, *b,* por la longitud de su altura, *h:*

$$A_{\text{romboide}} = b \cdot h$$

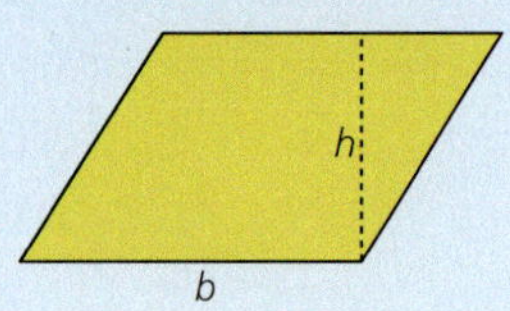

Área del rombo

Un rombo se puede inscribir en un rectángulo cuyos lados son las diagonales, *D* y *d,* del rombo. El área del rombo es la mitad de la del rectángulo.

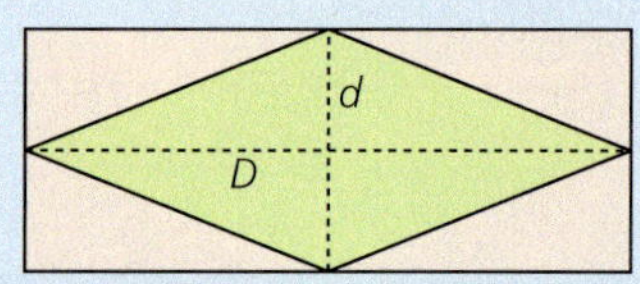

El **área** del **rombo** es igual a la mitad del producto de las longitudes de sus diagonales, *D* y *d:*

$$A_{\text{rombo}} = \frac{D \cdot d}{2}$$

Área del trapecio

Si a un trapecio se le añade otro igual pero en posición inversa, de modo que se solapen sus lados oblicuos, se forma un romboide que tiene como base la suma de las bases del trapecio ($B + b$) y como altura la misma que el trapecio (h).

El área del trapecio inicial es la mitad que la del romboide:

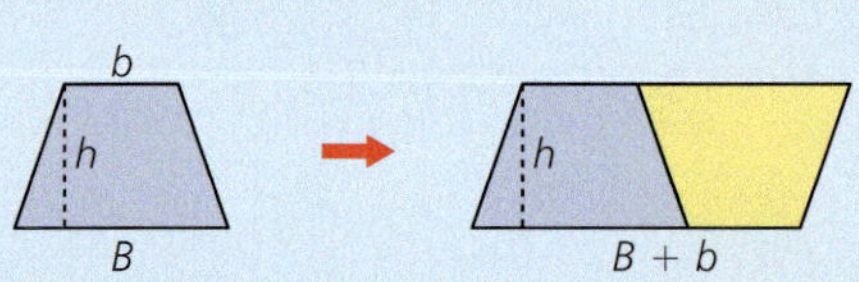

El **área** del **trapecio** es la mitad del producto de la suma de las longitudes de sus bases, *B* y *b,* por su altura, *h:*

$$A_{\text{trapecio}} = \frac{(B + b) \cdot h}{2}$$

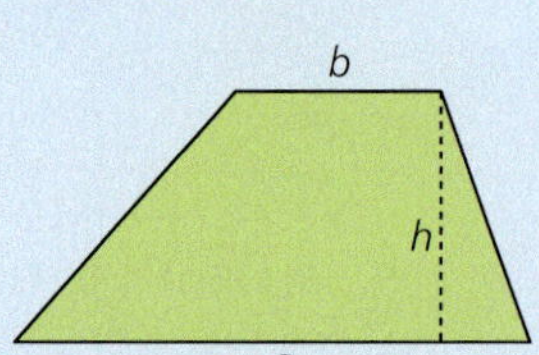

Área del triángulo

Si a un triángulo se le añade otro igual en posición inversa, de modo que se solapen dos de sus lados, se forma un romboide que tiene la misma base y altura que el triángulo inicial.

El área del triángulo es la mitad que la del romboide:

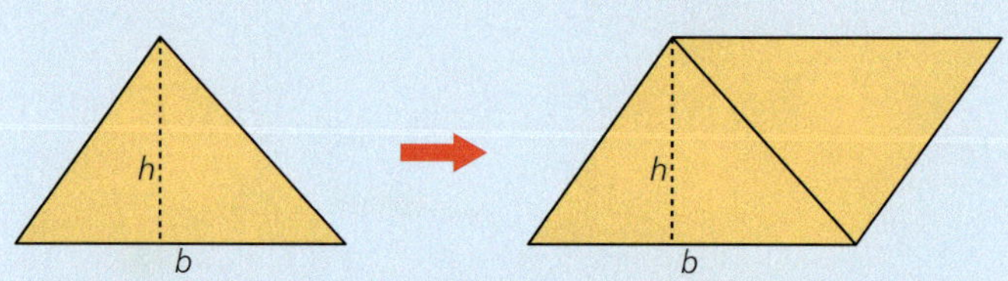

El **área** del **triángulo** es la mitad del producto de la base, *b,* por la altura, *h:*

$$A_{\text{triángulo}} = \frac{b \cdot h}{2}$$

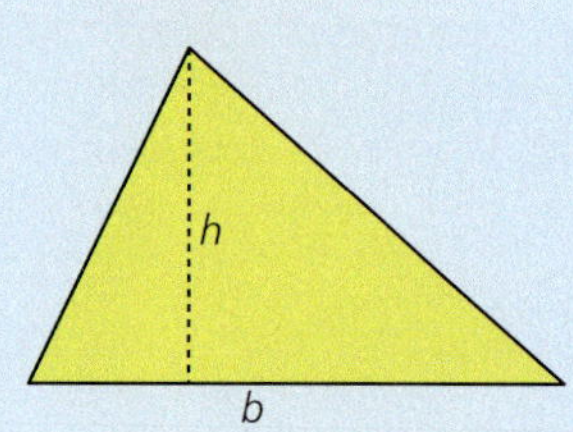

Área de un polígono regular

Cualquier polígono regular de *n* lados se puede descomponer en *n* triángulos isósceles, uniendo los vértices con el centro del polígono. Así, la base de cada triángulo es el lado del polígono, *l*, y la altura la apotema del polígono, *ap*.

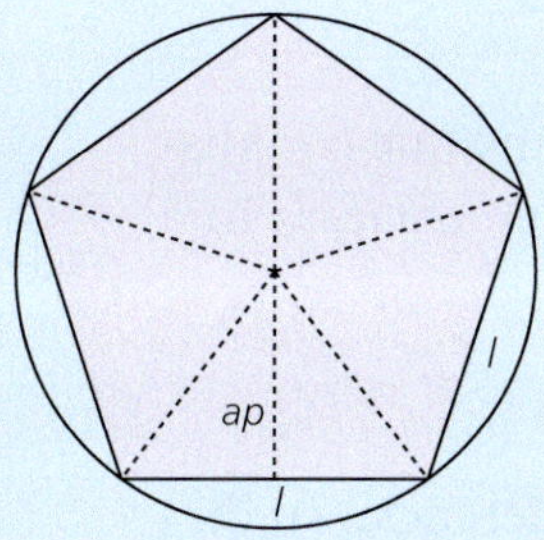

El **área** del **polígono regular** es *n* veces el área de uno de estos triángulos:

$$A_{\text{polígono regular}} = n \cdot A_{\text{triángulo}} = n \cdot \frac{l \cdot ap}{2} = \frac{P \cdot ap}{2}$$

Área de un polígono irregular

Es posible descomponer cualquier polígono irregular en figuras más sencillas de las cuales se puede calcular el área, como puedes ver en la figura.

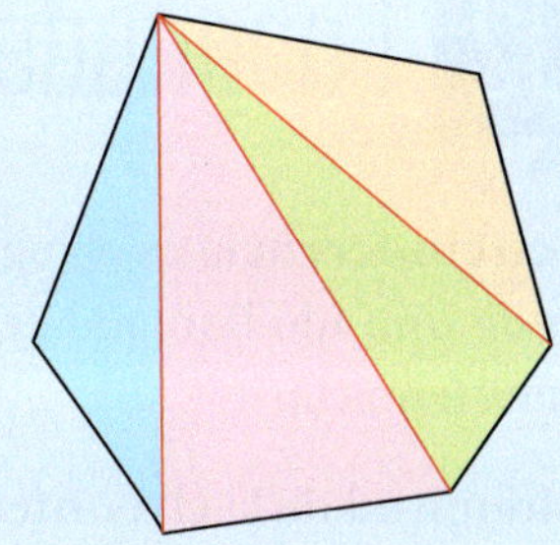

Cabe también descomponer el polígono en figuras conocidas, como rectángulos, trapecios, etc.

El **área** del **polígono irregular** es la suma de todas ellas:

$A_{\text{polígono irregular}}$ = suma de las áreas de las figuras en las que se descompone el polígono.

ACTIVIDADES

1 Determina el área de las siguientes figuras planas:

a.

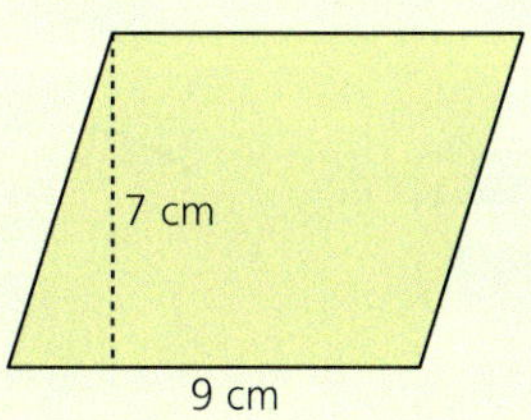

b.

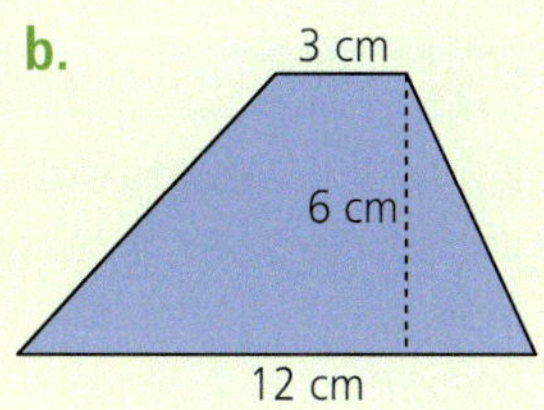

ACTIVIDAD RESUELTA

2 Halla el perímetro y el área de un octógono regular de 8 cm de lado y 10,45 cm de radio.

Se aplica el teorema de Pitágoras en el triángulo rectángulo sombreado, representado dentro del octógono regular:

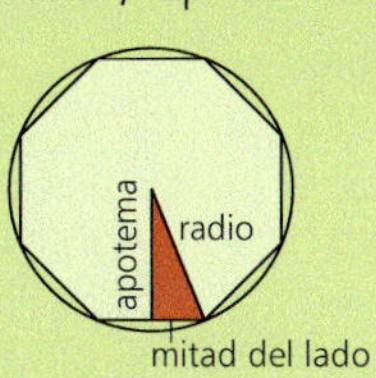

$$r^2 = ap^2 + \left(\frac{\text{lado}}{2}\right)^2$$

$$10{,}45^2 = ap^2 + 4^2 \Rightarrow ap = 9{,}65 \text{ cm}$$

De este modo, el perímetro es $P = 8 \cdot 8 = 64$ cm.

Por su parte, el área es:

$$A_{\text{octógono}} = \frac{\text{perímetro} \cdot \text{apotema}}{2} = \frac{64 \cdot 9{,}65}{2} = 308{,}8 \text{ cm}^2$$

3 Calcula el área de un hexágono regular cuyo lado mide 11 cm.

4 Halla el perímetro y el área de los siguientes polígonos:

a.

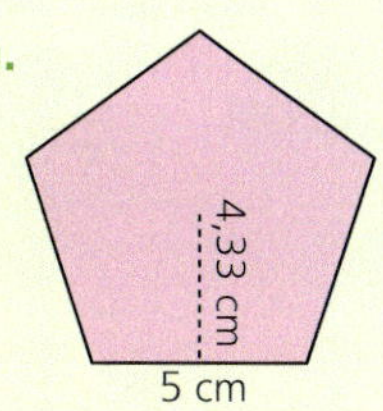

b.

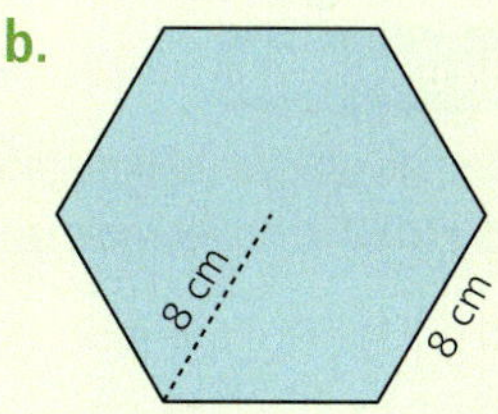

5 El dibujo muestra el plano de una habitación en la que todas sus paredes contiguas forman ángulos múltiplos de 45°. ¿Cuál es el área de la habitación?

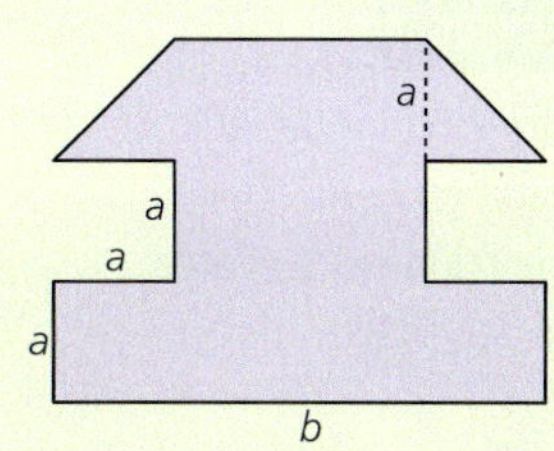

6 Calcula el perímetro y el área de un heptágono regular de 12 cm de lado y 12,46 cm de apotema.

7 Averigua el perímetro y el área de un pentágono regular cuyo lado mide 9 cm y que tiene un radio de 7,66 cm.

8 Se dice que un polígono recubre el plano cuando no deja huecos, es decir, cuando se puede colocar alrededor de uno de los vértices del polígono un número exacto de polígonos iguales hasta completar justamente una vuelta íntegra.

Formad grupos de alumnos e investigad cuáles son los polígonos regulares que pueden recubrir el plano.

02 Longitudes y áreas de las figuras circulares

La **circunferencia** es el lugar geométrico de los puntos del plano que equidistan de uno fijo llamado **centro.** El **círculo** es la superficie que encierra una circunferencia.

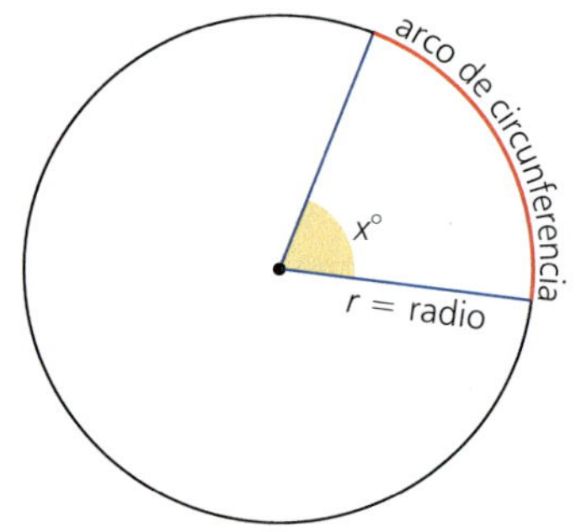

La **longitud** de la **circunferencia**, L, es $L = 2 \cdot \pi \cdot r$.

Esta expresión indica que en la longitud de cualquier circunferencia, su diámetro, $2 \cdot r$, está incluida π veces.

Un **arco de circunferencia** es la porción de circunferencia limitada por dos puntos de la misma.

Para calcular la **longitud** de un **arco de circunferencia** en función de su ángulo central, $x°$, se aplica la siguiente proporcionalidad:

$$\frac{L_{\text{circunferencia}}}{360°} = \frac{L_{\text{arco}}}{x°} \Rightarrow \frac{2 \cdot \pi \cdot r}{360°} = \frac{L_{\text{arco}}}{x°} \Rightarrow L_{\text{arco}} = \frac{2 \cdot \pi \cdot r \cdot x°}{360°}$$

El **área del círculo** y de las **figuras circulares** más importantes son:

Área del círculo

El **área** de un **círculo** de radio r es el producto de π por el radio al cuadrado:

$$A_{\text{círculo}} = \pi \cdot r^2$$

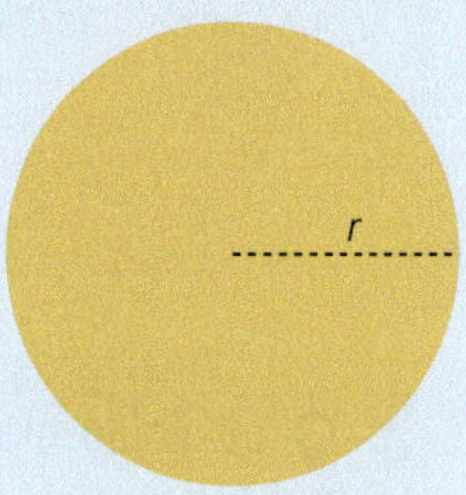

Área de la corona circular

El **área** de una **corona circular** limitada por dos circunferencias concéntricas cuyos radios son R y r, respectivamente, en donde $R > r$, es la diferencia entre las áreas de los dos círculos que la determinan:

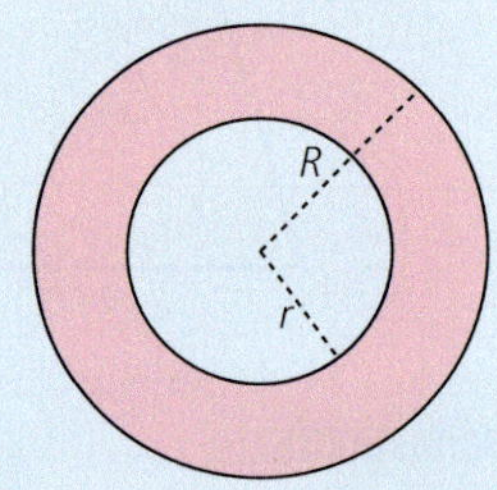

$$A_{\text{corona circular}} = \pi \cdot R^2 - \pi \cdot r^2 = \pi \cdot (R^2 - r^2)$$

Área del sector circular

El **área** de un **sector circular** de radio r, y cuyo ángulo central es $\widehat{A}$, se obtiene mediante una proporción entre el área y el ángulo central del círculo y del sector circular:

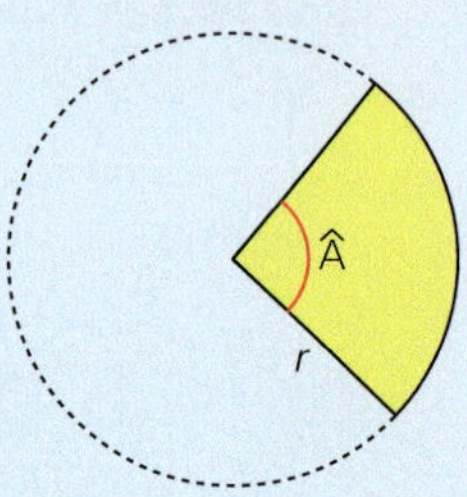

$$\frac{360°}{\widehat{A}} = \frac{\pi \cdot r^2}{A_{\text{sector circular}}} \Rightarrow A_{\text{sector circular}} = \frac{\pi \cdot r^2 \cdot \widehat{A}}{360°}$$

Área del trapecio circular

El **área** de un **trapecio circular** se obtiene mediante una proporción entre el área y el ángulo central de la corona circular y el trapecio circular:

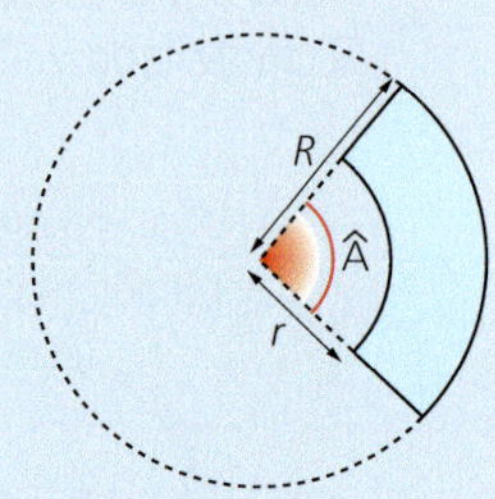

$$\frac{360°}{\widehat{A}} = \frac{\pi \cdot (R^2 - r^2)}{A_{\text{trapecio circular}}} \Rightarrow A_{\text{trapecio circular}} = \frac{\pi \cdot (R^2 - r^2) \cdot \widehat{A}}{360°}$$

Área del segmento circular

Cabe diferenciar dos casos del **área** del **segmento circular** en función del valor del ángulo central, $\widehat{A}$:

- Si el ángulo $\widehat{A}$ es menor de 180°, el área es:

$$A_{\text{segmento circular}} = A_{\text{sector circular}} - A_{\text{triángulo}}$$

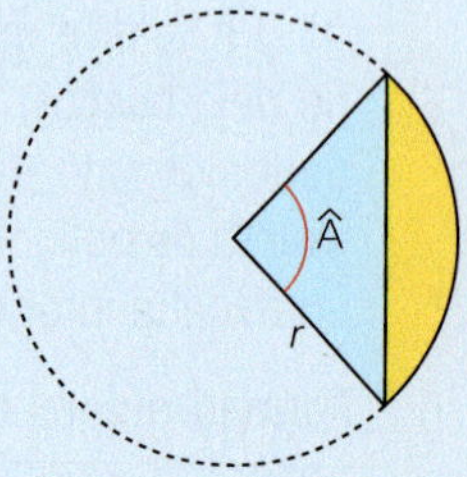

- Si el ángulo $\widehat{A}$ es mayor de 180°, el área es:

$$A_{\text{segmento circular}} = A_{\text{sector circular}} + A_{\text{triángulo}}$$

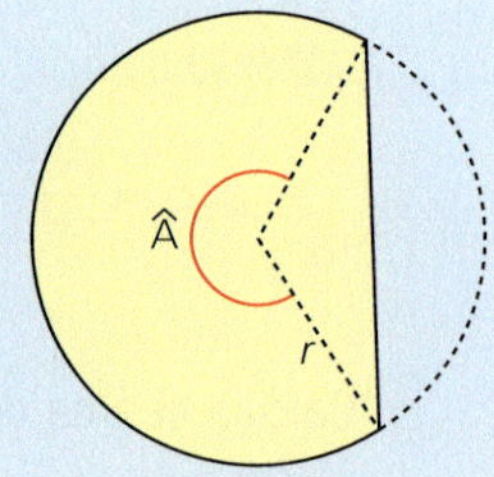

ACTIVIDADES

9 Halla el área de estas coronas circulares:

a.
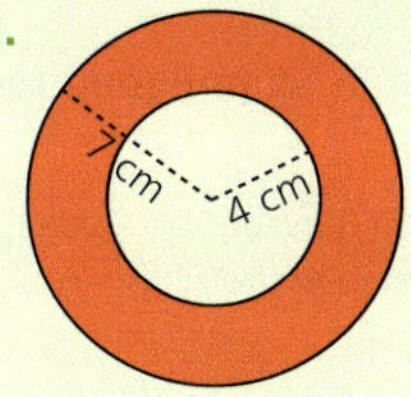

b.
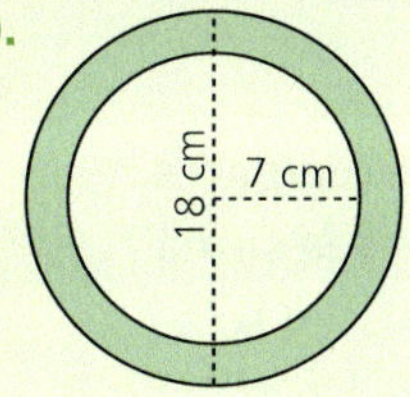

10 Calcula el área de los sectores circulares de estas circunferencias de 8 cm de radio:

a.
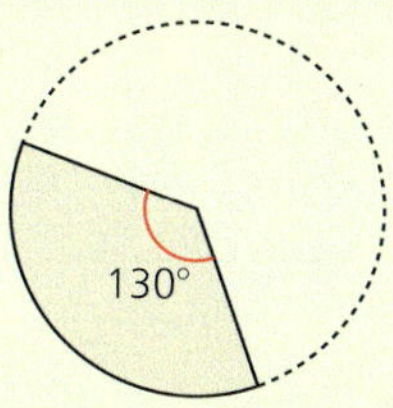

b.
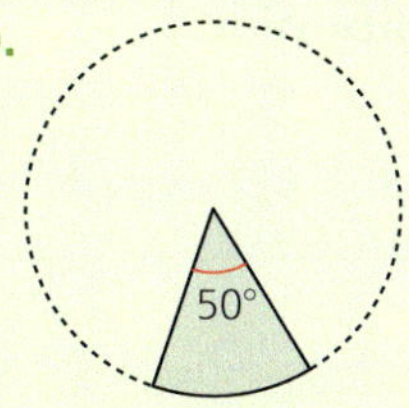

11 Determina el área de los segmentos circulares de estas circunferencias de 10 cm de radio:

a.
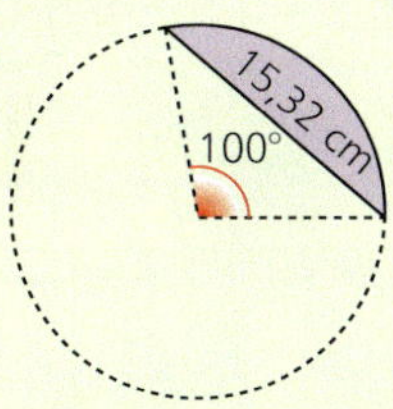

b.
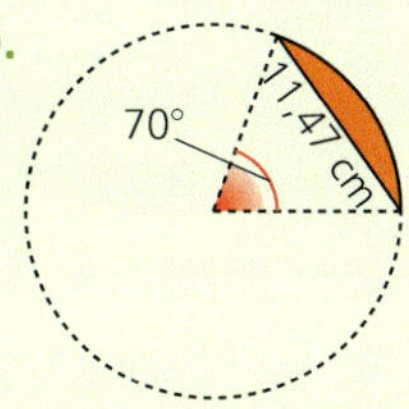

12 Averigua el área de estos trapecios circulares:

a.
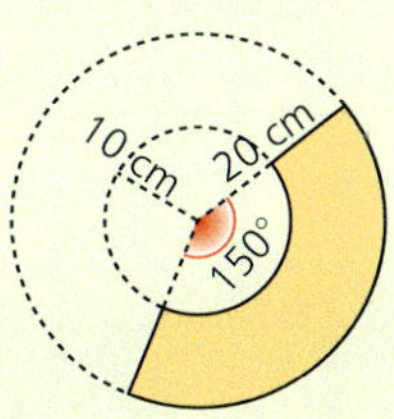

b.
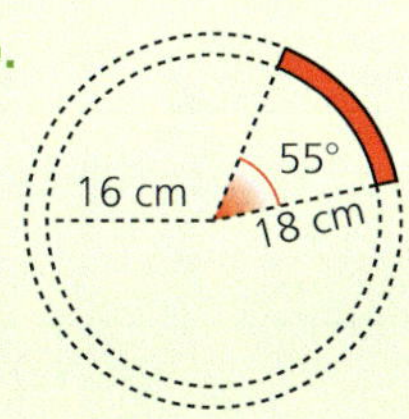

13 En un zoo hay una región circular de 5 m de diámetro que alberga a diversos animales. Se ha rodeado exteriormente por un paseo de baldosas de 1 m de ancho para el tránsito de visitantes.

a. Halla el área que ocupa la región circular.

b. Calcula el área que ocupa el paseo exterior.

c. Se van a instalar unas cristaleras en el perímetro de la región circular que abarquen 120° de la misma. ¿Qué longitud de cristaleras se necesita?

14 Investiga el funcionamiento del cuentakilómetros de una bicicleta. Toma las medidas necesarias en tu bicicleta y calcula la distancia que recorrerías al dar 100 vueltas.

15 Averigua el área de las siguientes figuras circulares:

a.
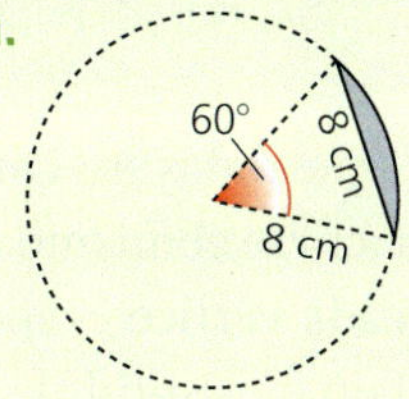

c.
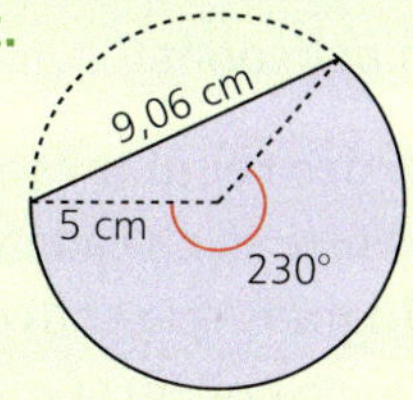

b.
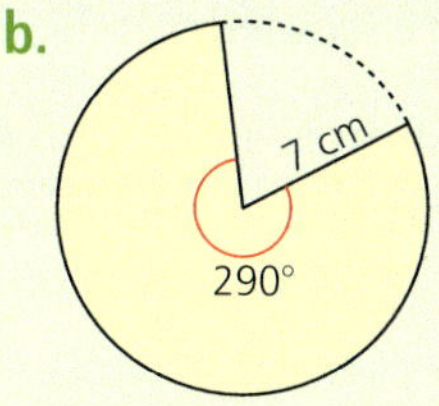

d.
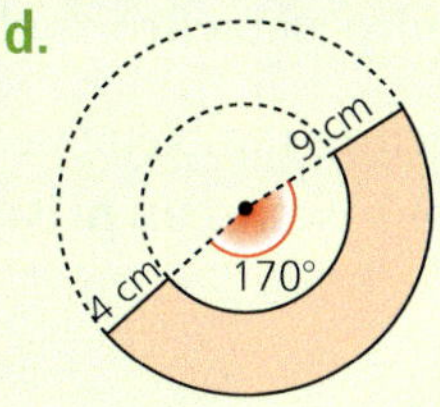

16 Determina el área de la región coloreada en el interior de estos cuadrados de 10 cm de lado:

a.
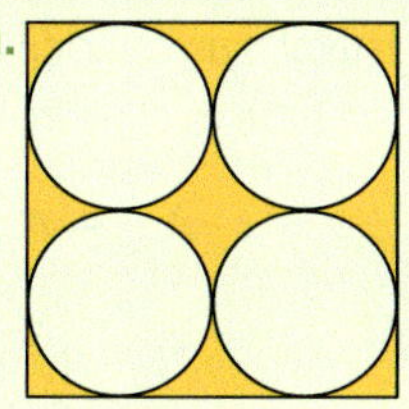

b.
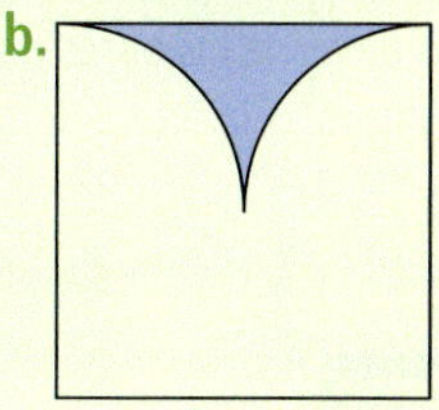

17 Calcula el área de la región coloreada.

a.
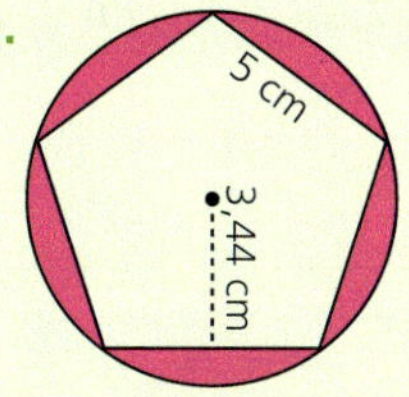

b.
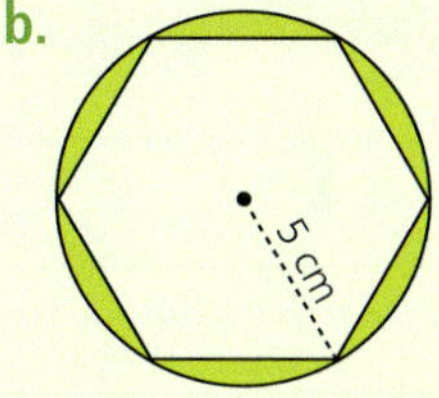

18 Halla el área de las siguientes figuras circulares:

a.
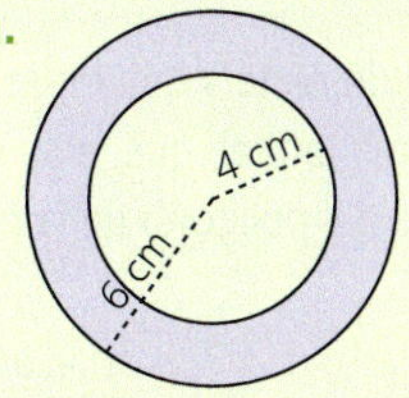

b.
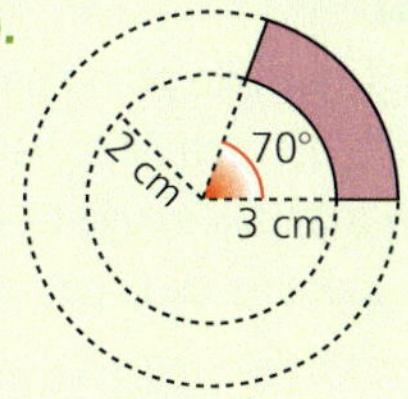

19 Un cuadrado de 8 cm de lado está inscrito en una circunferencia. Halla la longitud de la circunferencia y el área del círculo.

20 La luz de un faro barre un ángulo plano de 150°. Si el alcance de la luz del faro es de 9 millas náuticas, ¿cuál es la longitud, en metros, del arco barrido por la luz del faro?

Dato: 1 milla náutica = 1,852 km.

03 Áreas y volúmenes de poliedros

Un **poliedro** es un cuerpo geométrico cerrado, limitado por superficies planas que son polígonos.

Un **poliedro regular** es aquel en el que todas sus caras son polígonos regulares iguales entre sí, en cada vértice concurre el mismo número de caras y la suma de los ángulos que convergen en cada vértice es menor de 360°. Existen solamente cinco poliedros regulares, llamados **sólidos platónicos:** tetraedro, cubo o hexaedro, octaedro, dodecaedro e icosaedro.

Los poliedros también pueden clasificarse en función del número de sus bases. Si tiene dos bases, es un **prisma,** mientras que si tiene una base, es una **pirámide.**

Recuerda

La **apotema** de un **polígono regular** se calcula aplicando el teorema de Pitágoras.

En el caso de un hexágono regular, el lado y el radio miden lo mismo.

Prisma

Área

En el **desarrollo plano** de un **prisma** recto y regular se aprecia que el área total es la suma de las áreas de las bases más el área lateral, que coincide con el área de un rectángulo cuya altura es la altura del prisma y cuya base es el perímetro de la base del prisma:

$$A_{\text{total del prisma}} = 2 \cdot A_{\text{base}} + A_{\text{lateral}}$$

Volumen

El **volumen** de un **prisma** es el producto del área de la base por la altura:

$$V_{\text{prisma}} = A_{\text{base}} \cdot h$$

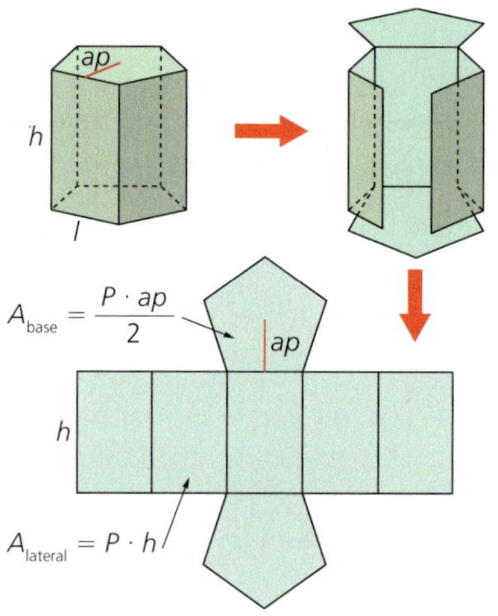

Pirámide

Área

En el **desarrollo plano** de una **pirámide** recta y regular se aprecia que el área total es la suma del área de la base más el área lateral, que, a su vez, es la suma de las áreas de los triángulos cuya base es el lado del polígono de la base de la pirámide y cuya altura es la apotema de la pirámide:

$$A_{\text{total de la pirámide}} = P \cdot \frac{ap + ap'}{2}$$

Volumen

El **volumen** de una **pirámide** es la tercera parte del volumen de un prisma de igual base y altura:

$$V_{\text{pirámide}} = \frac{1}{3} \cdot A_{\text{base}} \cdot h$$

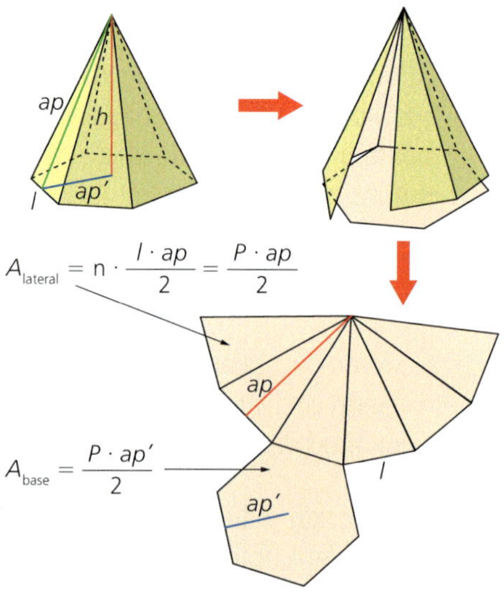

Tronco de pirámide

Área

En el **desarrollo plano** de un **tronco de pirámide** se aprecia que el área total es la suma de las áreas de las bases y el área lateral, que, a su vez, es la suma de las áreas de los trapecios cuyas bases son los lados de las bases del tronco, *l* y *l'*, y cuya altura es la apotema del tronco de pirámide, *ap:*

$$A_{\text{total del tronco de pirámide}} = A_{\text{lateral}} + A_{\text{Base}} + A_{\text{base}} = n \cdot \frac{(l + l') \cdot ap_l}{2} + \frac{P \cdot ap}{2} + \frac{P' \cdot ap'}{2}$$

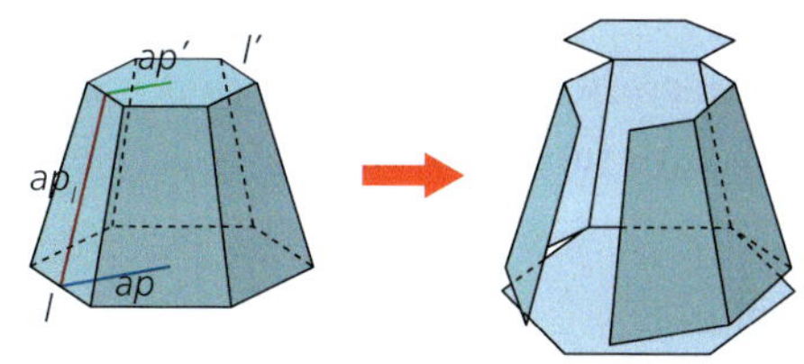

$$A_{\text{lateral}} = n \cdot \frac{(l + l') \cdot ap_l}{2}$$

$$A_{\text{Base}} = \frac{P \cdot ap}{2}$$

$$A_{\text{base}} = \frac{P' \cdot ap'}{2}$$

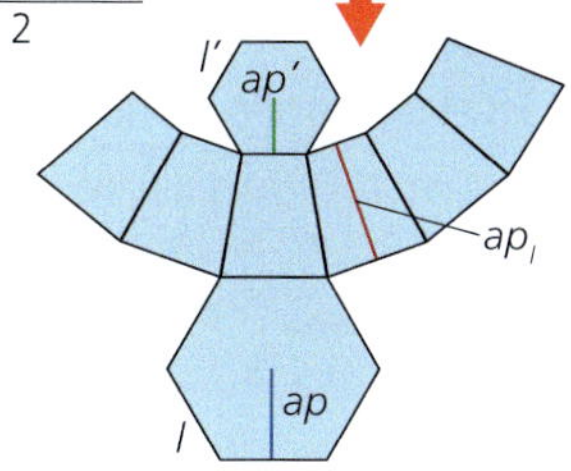

Volumen

El **volumen** del **tronco de pirámide** es la diferencia entre los volúmenes de la pirámide original y la pirámide resultante de cortar esta:

$$V_{\text{tronco de pirámide}} = V_{\text{pirámide grande}} - V_{\text{pirámide pequeña}}$$

ACTIVIDADES

ACTIVIDAD RESUELTA

21 Calcula el volumen de este tronco de pirámide:

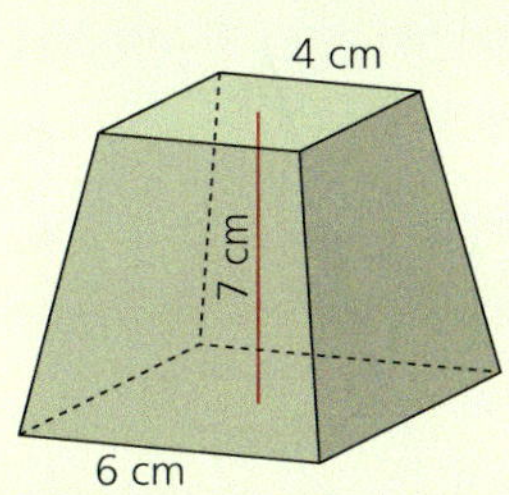

Se aplica la semejanza de triángulos a la pirámide original:

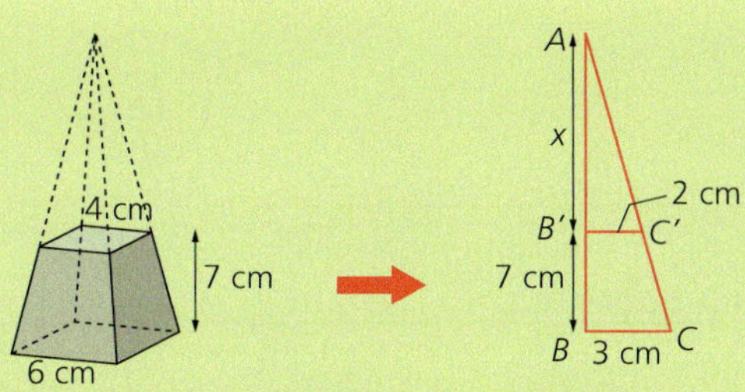

De la semejanza de los triángulos $\widehat{ABC}$ y $\widehat{AB'C'}$ se obtiene:

$$\frac{x + 7}{x} = \frac{3}{2} \Rightarrow x = 14 \text{ cm}$$

Así, la altura de la pirámide original mide 21 cm, y la de la pirámide que se desecha, 14 cm. Por tanto:

$$V_{\text{tronco de pirámide}} = V_{\text{pirámide origen}} - V_{\text{pirámide desechada}} =$$

$$= \frac{1}{3} \cdot (6 \cdot 6 \cdot 21) - \frac{1}{3} \cdot (4 \cdot 4 \cdot 14) = 177{,}33 \text{ cm}^3$$

22 Determina el área total y el volumen de estas figuras:

a.

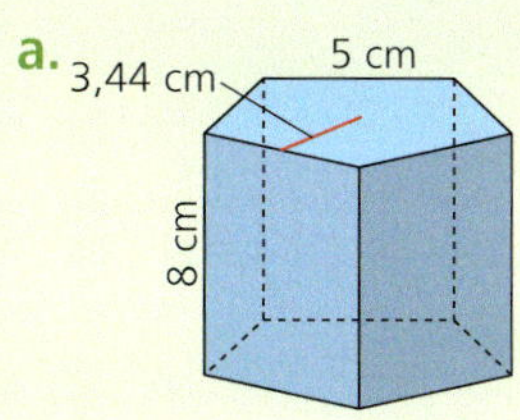

b.

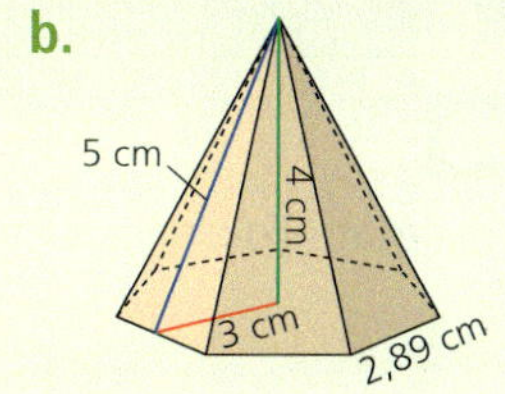

23 Halla el volumen de las siguientes figuras:

a.

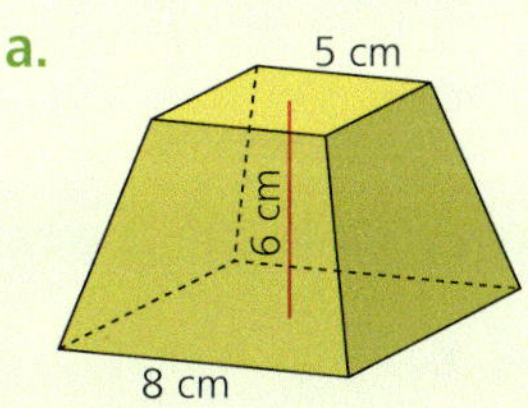

b.

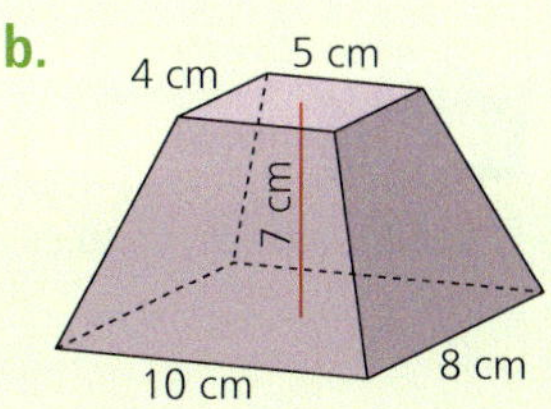

24 Una caja de zapatos mide de largo igual que de alto, mientras que de ancho mide el doble que de largo.

Si la diagonal de una de las caras más grandes del paralelepípedo mide 20 cm, halla la cantidad necesaria de cartón para fabricar la caja de zapatos.

25 Determina el área total que tiene a la vista este monolito si las bases de sus piezas son cuadrados de 3 m, 2 m y 1 m de lado, respectivamente, y sus alturas miden 6 dm, 15 dm y 60 dm, también respectivamente.

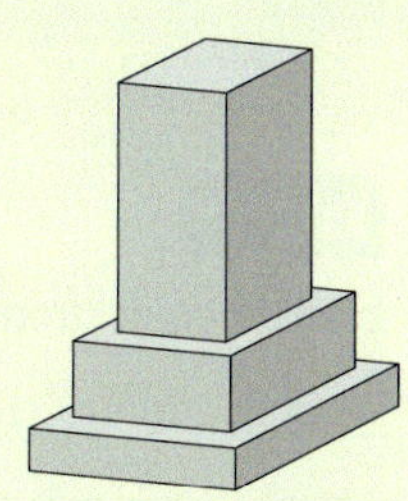

04 Áreas y volúmenes de cuerpos de revolución

Los **cuerpos de revolución** se originan al girar una línea, recta o curva, llamada **generatriz,** alrededor de un eje. Según sea la generatriz, se clasifican en:

Cilindro

Área

En el **desarrollo plano** de un **cilindro** se aprecia que el área total es:

$$A_{\text{total cilindro}} = A_{\text{bases}} + A_{\text{lateral}}$$

$$A_{\text{total cilindro}} = \pi \cdot r^2 + \pi \cdot r^2 + 2 \cdot \pi \cdot r \cdot h = 2 \cdot \pi \cdot r^2 + 2 \cdot \pi \cdot r \cdot h = 2 \cdot \pi \cdot r \cdot (r + h)$$

$$A_{\text{total cilindro}} = 2 \cdot \pi \cdot r \cdot (r + h)$$

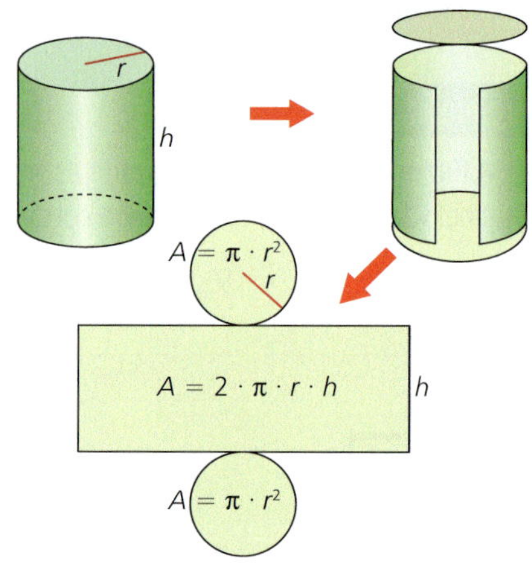

Volumen

El **volumen** de un **cilindro** es el producto del área de la base por la altura:

$$V_{\text{cilindro}} = \pi \cdot r^2 \cdot h$$

Cono

Área

En el **desarrollo plano** de un **cono** se aprecia que el área total es:

$$A_{\text{total cono}} = A_{\text{base}} + A_{\text{lateral}}$$

$$A_{\text{total cono}} = \pi \cdot r^2 + \pi \cdot r \cdot g = \pi \cdot \text{r} \cdot (r + g)$$

$$A_{\text{total cono}} = \pi \cdot r \cdot (g + r)$$

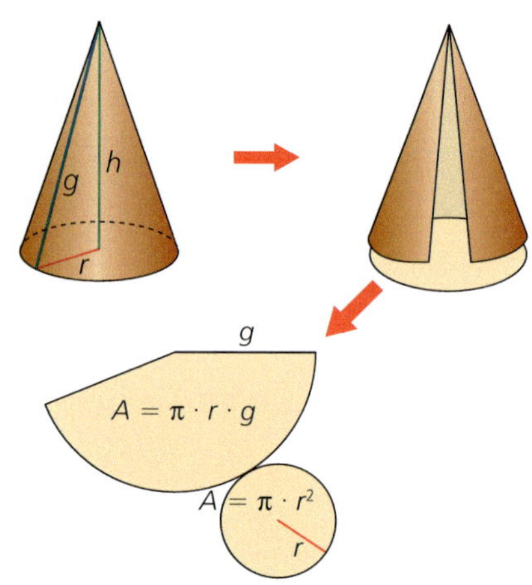

Volumen

El **volumen** de un **cono** es la tercera parte del área de la base por la altura:

$$V_{\text{cono}} = \frac{1}{3} \cdot \pi \cdot r^2 \cdot h$$

Tronco de cono

Área

En el **desarrollo plano** de un **tronco de cono** se aprecia que el área total es:

$$A_{\text{total tronco de cono}} = A_{\text{lateral}} + A_{\text{base inferior}} + A_{\text{base superior}}$$

$$A_{\text{total tronco de cono}} = \pi \cdot g \cdot (R + r) + \pi \cdot R^2 + \pi \cdot r^2$$

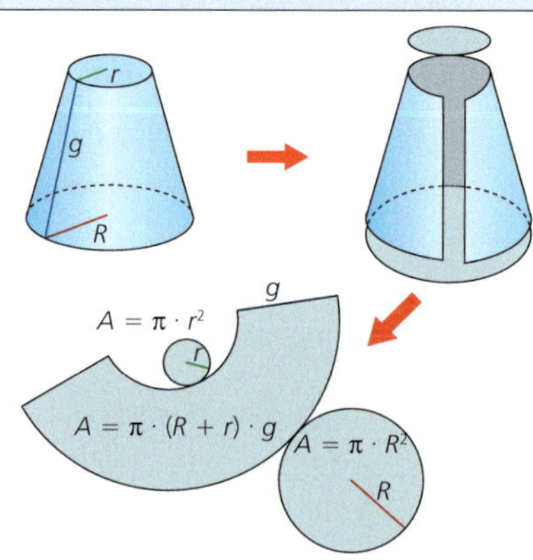

Volumen

El **volumen** del **tronco de cono** es la diferencia de los volúmenes de los dos conos:

$$V_{\text{tronco de cono}} = V_{\text{cono grande}} - V_{\text{cono pequeño}}$$

Esfera

Área

La **esfera** no tiene desarrollo plano; sin embargo, su área coincide con el área lateral del cilindro en el que se puede inscribir:

$$A_{esfera} = 4 \cdot \pi \cdot r^2$$

Volumen

El volumen de la esfera es:

$$V_{esfera} = \frac{4}{3} \cdot \pi \cdot r^3$$

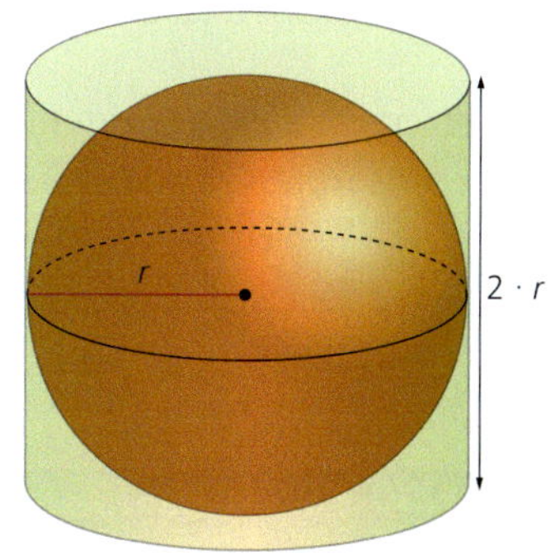

ACTIVIDADES

26 Calcula el área total y el volumen de las siguientes figuras:

a. 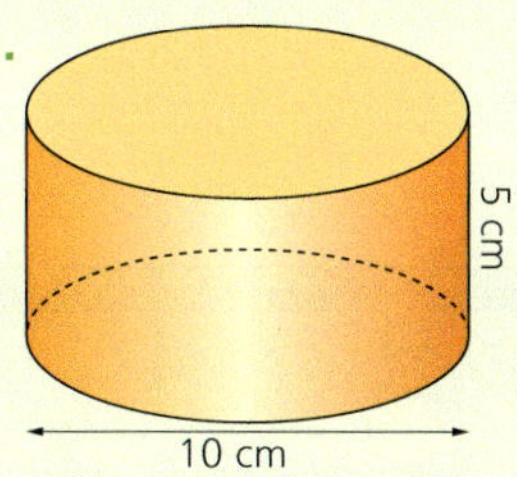

b. 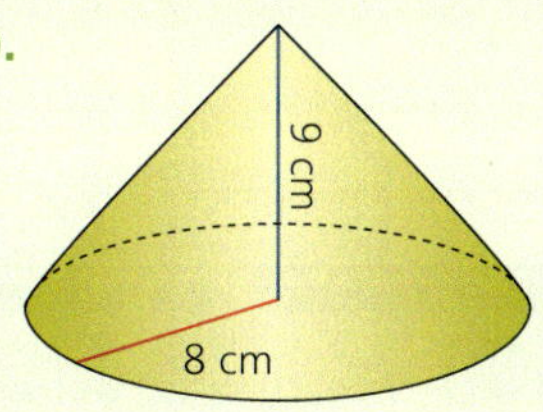

27 Halla el área total y el volumen de las figuras propuestas.

a. 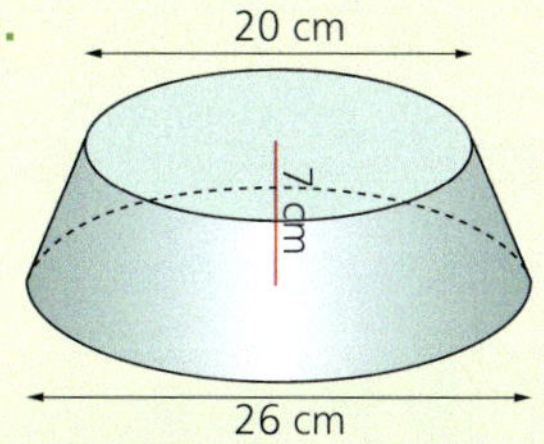

b. 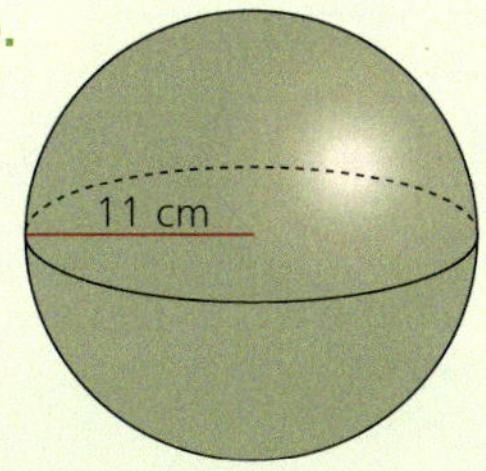

28 Un plano corta una esfera pasando por su centro y produce una sección de 706,86 dm² de área. Halla el volumen y la superficie de la esfera.

29 Un teorema atribuido a Arquímedes afirma que el volumen de una esfera equivale a los dos tercios del volumen del cilindro circunscrito. Pruébalo.

30 Halla el volumen de estos cuerpos en función de π:

a. Un cilindro de 9 cm de radio y 9 cm de altura.

b. Un cono de 9 cm de radio y 9 cm de altura.

c. Una esfera de 9 cm de radio.

Comprueba que se verifica: $V_{esfera} = V_{cilindro} + V_{cono}$

ACTIVIDAD RESUELTA

31 Un plano corta una esfera a una distancia de 4 cm de su centro y produce una sección de 28,27 cm² de área. Halla el volumen de la esfera.

Se obtiene el radio del círculo formado en la intersección entre el plano y la esfera: $28{,}27 = \pi \cdot r^2 \Rightarrow r = 3$ cm

Aplicando el teorema de Pitágoras en el triángulo rectángulo de la figura, se obtiene el radio de la esfera:

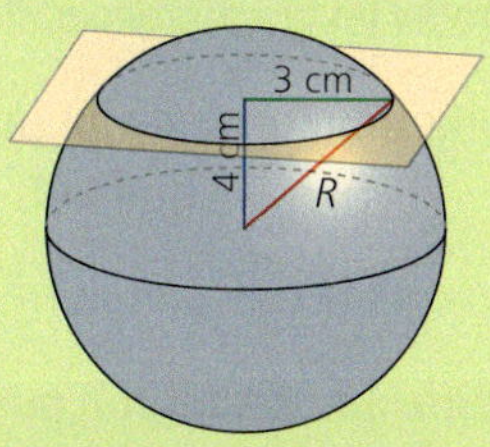

$$R^2 = 3^2 + 4^2 \Rightarrow R = 5 \text{ cm}$$

Por tanto, el volumen de la esfera es:

$$V_{esfera} = \frac{4}{3} \cdot \pi \cdot 5^3 = 523{,}3 \text{ cm}^3$$

32 Averigua el área de las esferas que cumplen las siguientes condiciones:

a. Un plano la corta pasando por su centro y produce una sección que tiene un borde de 44 dm de longitud.

b. Un plano la corta a una distancia de 8 dm de su centro y produce una sección de 179,07 dm² de área.

33 Determina el volumen y la superficie de las esferas inscrita y circunscrita en un cubo de 1 m de arista.

HERRAMIENTAS TECNOLÓGICAS

Cuerpos sólidos con Wiris

Con el programa Wiris se pueden dibujar numerosos cuerpos sólidos. En este caso trazaremos una pirámide cuadrangular.

A la hora de realizar cualquier dibujo con esta herramienta, hay que seleccionar la pestaña Geometría de la barra de menús que hay en la parte superior de la pantalla inicial del programa.

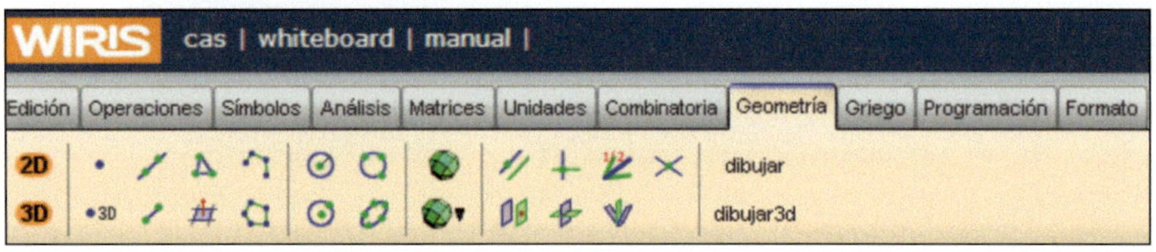

Se despliega justo debajo una ventana de herramientas entre las que elegimos **dibujar3d.**

En la ventana algebraica aparece el comando dibujar3d(), que nos permitirá dibujar la pirámide.

Construcción de una pirámide cuadrangular

Para construir una pirámide cuadrangular, se deben realizar los siguientes pasos: (A)

1. Se define el cuadrado que será la base de la pirámide, para lo que se introducen las coordenadas de sus vértices:

   poli=polígono(punto(1,1,0),punto(-1,1,0),punto(-1,-1,0),punto(1,-1,0))

2. Se define la pirámide con la base anterior y la altura:

   pira=pirámide(poli,punto(0,0,8))

3. Se inserta el comando para dibujar la pirámide en color rojo:

   dibujar3d(pira,{color=rojo,llenar=cierto})

Una vez escritas todas las instrucciones, se pulsa el símbolo ⊟ y aparecerá en una nueva ventana la pirámide cuadrangular, con la base en las coordenadas indicadas y con la altura elegida. (B)

En el tablero del gráfico aparecen unos botones de control que permiten aumentar o disminuir el tamaño de la pirámide, así como girar los ejes para verla desde diferentes perspectivas.

Utilizando un procedimiento similar, es posible dibujar pirámides con diferentes bases.

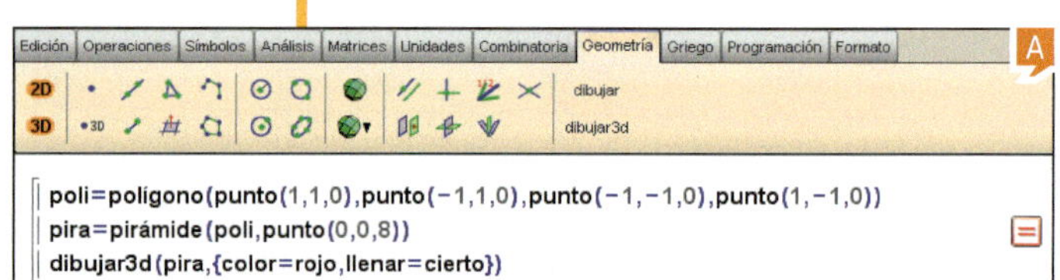

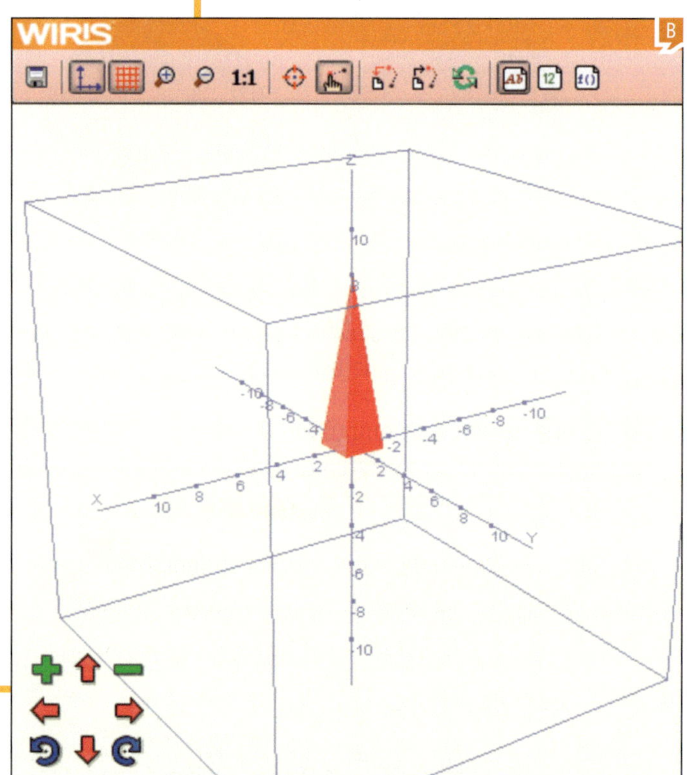

APRENDO A APRENDER

Copia, completa e ilustra en tu cuaderno el siguiente mapa conceptual y después contesta a las preguntas. También lo puedes realizar en el ordenador con el programa **CmapTools.**

PERÍMETRO Y ÁREAS

de las figuras planas

- Rectángulo: $A = ...$
- .....: $A = l^2$
- Romboide: $A = ...$
- .....: $A = \frac{D \cdot d}{2}$
- Trapecio: $A = ...$
- Triángulo: $A = ...$
- Polígono regular: $A = \frac{P \cdot ap}{2}$
- Polígono irregular: .....

LONGITUDES Y ÁREAS

de las figuras circulares

- Circunferencia: $L = ...$
- Arco de una circunferencia: $L = ...$
- Círculo: $A = \pi \cdot r^2$
- .....: $A = \pi \cdot (R^2 - r^2)$
- Sector circular: $A = ...$
- .....: $A = \frac{\pi \cdot (R^2 - r^2) \cdot \widehat{A}}{360°}$
- Segmento circular: $A = ...$

ÁREAS Y VOLÚMENES

de los poliedros

- Prisma: $A = ...$, $V = ...$
- Pirámide: $A = ...$, $V = ...$
- Tronco de pirámide: $A = ...$, $V = ...$

de los cuerpos de revolución

- Cilindro: $A = ...$, $V = ...$
- Cono: $A = ...$, $V = ...$
- Tronco de cono: $A = ...$, $V = ...$
- Esfera: $A = ...$, $V = ...$

ACTIVIDADES

1 Describe cada una de las figuras planas.

2 Define cada uno de los elementos de un polígono regular.

3 ¿Cuántos y cuáles son los poliedros regulares que existen?

4 Indica los elementos de un cilindro.

5 Describe cada una de las figuras circulares.

6 ¿Qué elementos de un cono forman un triángulo rectángulo? Escribe el teorema de Pitágoras que verifican.

7 Realiza una presentación digital a tus compañeros. Puedes hacer un documento PowerPoint, utilizar Glogster...

REPASO FINAL

PERÍMETRO Y ÁREAS DE LAS FIGURAS PLANAS

1 Halla el perímetro y el área de las siguientes figuras planas:

a.

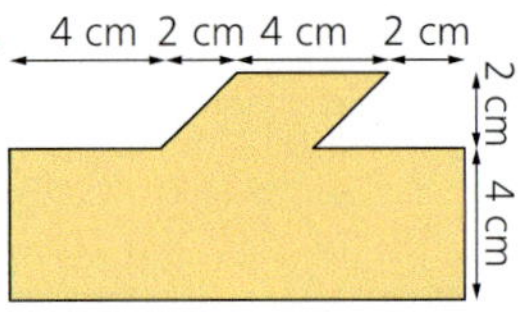

b.

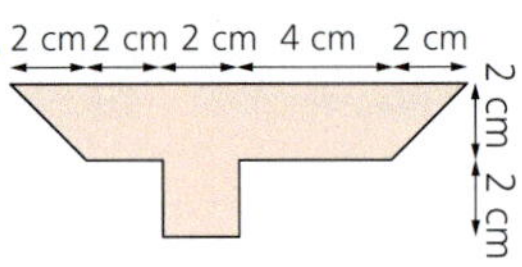

c.

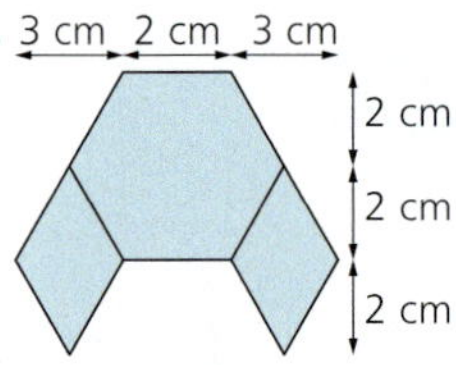

d.

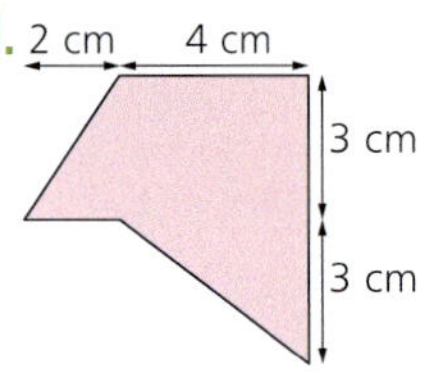

2 Calcula el área de un octógono regular de 17 dm de lado y 19,6 dm de radio.

3 ⊕ Si se aumenta un 10 % la longitud de dos de los lados opuestos de un rectángulo y se disminuye en un 10 % la de los otros dos lados, se forma un nuevo rectángulo:

a. ¿Varía el área del nuevo rectángulo?

b. En caso afirmativo, ¿qué porcentaje del área original mide la nueva área?

LONGITUDES Y ÁREAS DE LAS FIGURAS CIRCULARES

4 Averigua el área de las siguientes figuras circulares:

a.

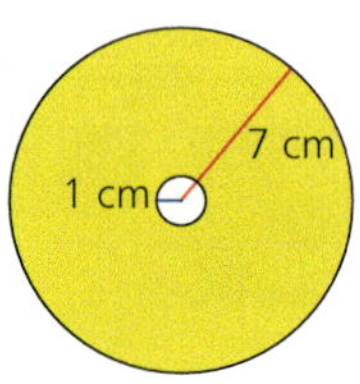

b.

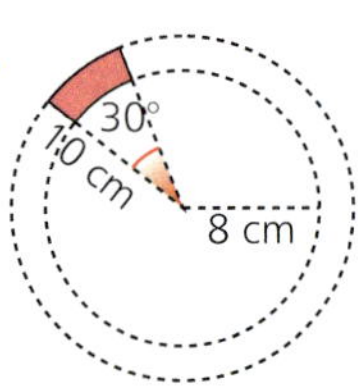

c.

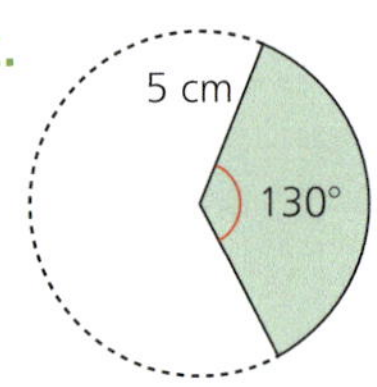

d.

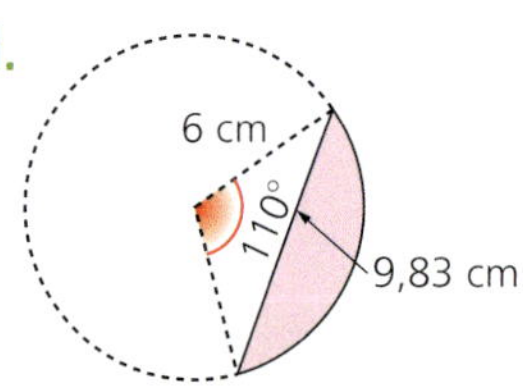

5 Determina el área de estas figuras:

a.

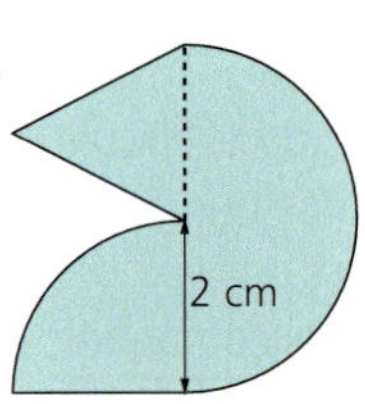

b.

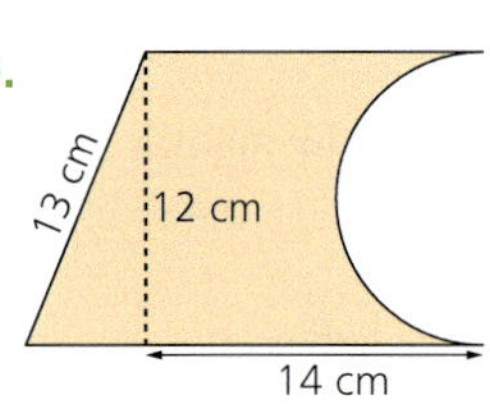

6 Una circunferencia tiene un sector circular de 154° de amplitud y 71,6 cm² de área. ¿Cuál será el radio de la circunferencia?

7 ⊕ Un jardín circular de 6 m de diámetro está rodeado por una zona de gravilla blanca que tiene 80 cm de ancho.

a. ¿Qué área ocupa la gravilla?

b. Se pretende vallar la zona de gravilla por la parte exterior. ¿Qué longitud tendrá que tener la valla?

c. ¿Cuál será la longitud de la valla para un sector del jardín con una amplitud de 70°?

8 Calcula la distancia que recorre un ciclista al dar 30 vueltas a un circuito como el de la figura.

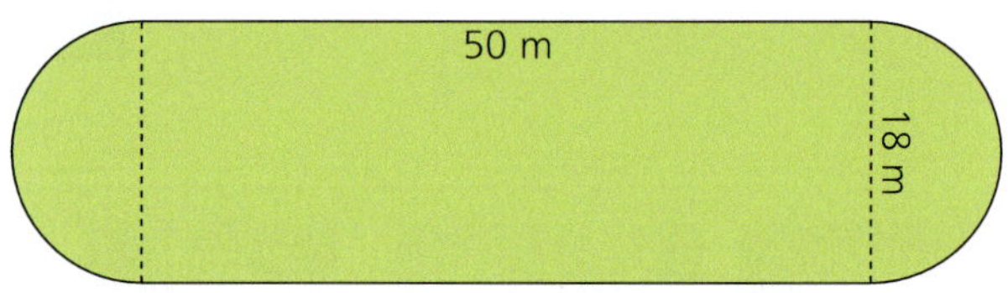

9 ⊕ Halla el área de las zonas coloreadas si los radios de las circunferencias son 4 cm y 3 cm, respectivamente.

a.

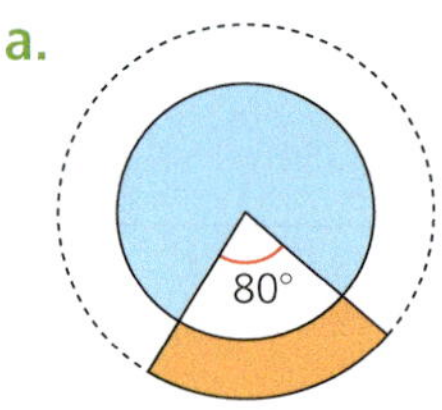

b.

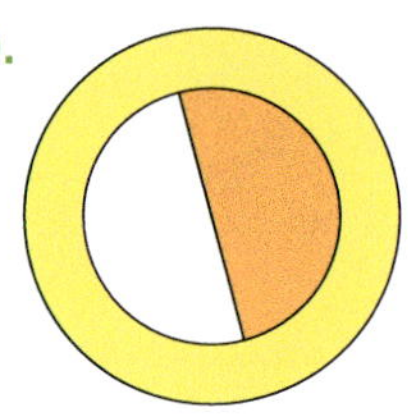

c.

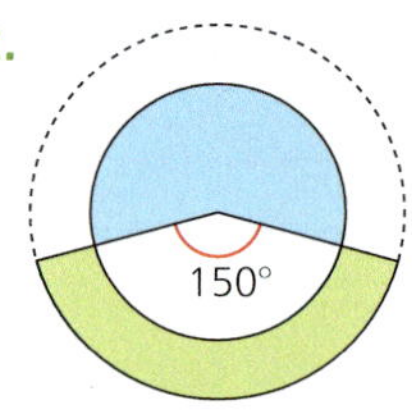

d.

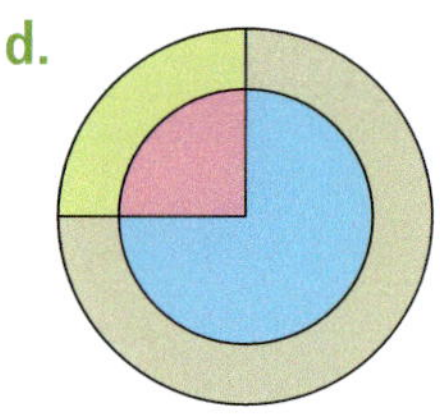

10 ⊕ Si el área de un círculo, cuya circunferencia mide 24π dm, es $k\pi$ dm², ¿cuánto vale *k*?

11 ⊕⊕ Averigua el área de las zonas coloreadas si el círculo tiene 6 cm de radio.

a.

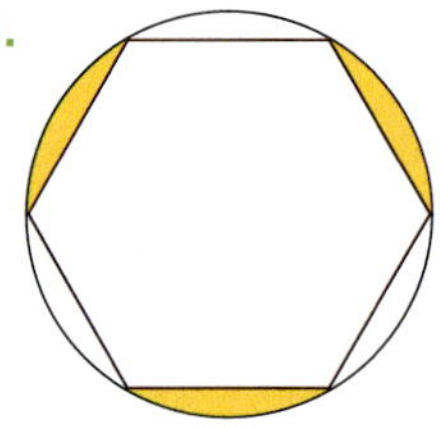

b.

EVALUACIÓN

ÁREAS Y VOLÚMENES DE POLIEDROS

12 Halla el área total y el volumen de los siguientes poliedros:

a.

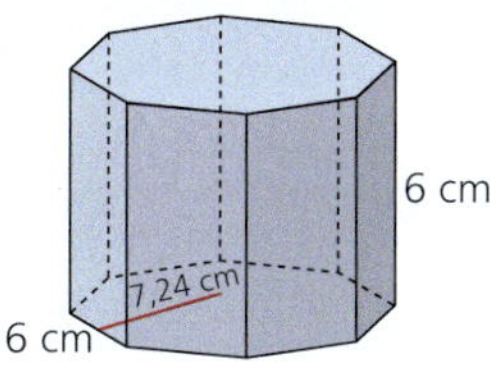

b.

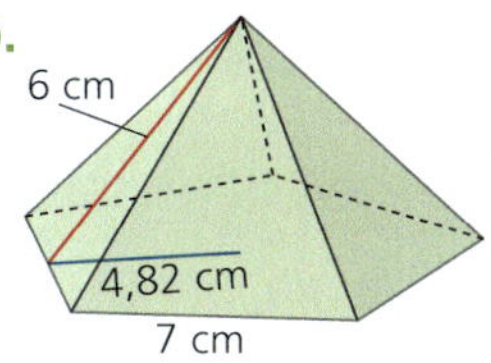

13 ⊕ Calcula el volumen de estos poliedros:

a.

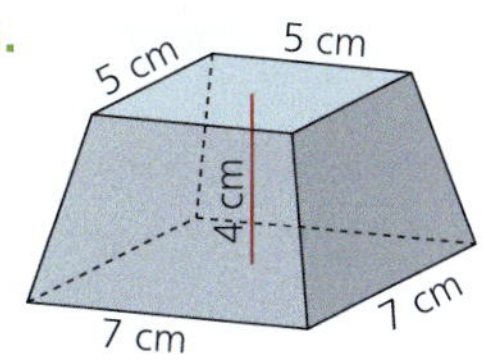

b.

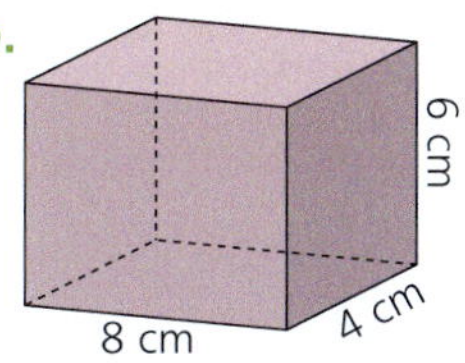

ÁREAS Y VOLÚMENES DE CUERPOS DE REVOLUCIÓN

14 Determina el volumen de estos cuerpos.

a.

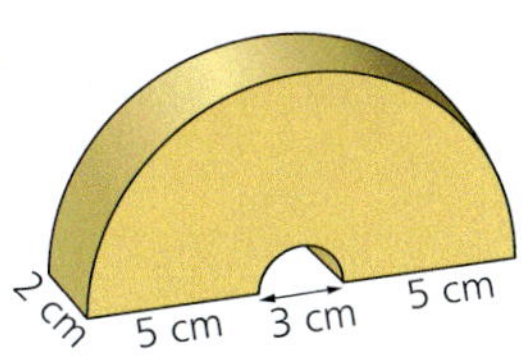

b.

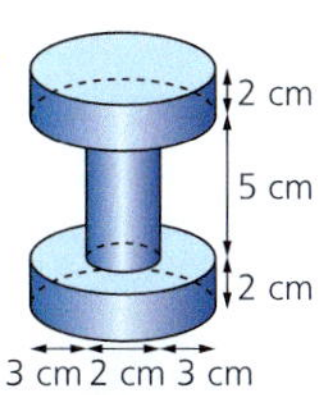

c.

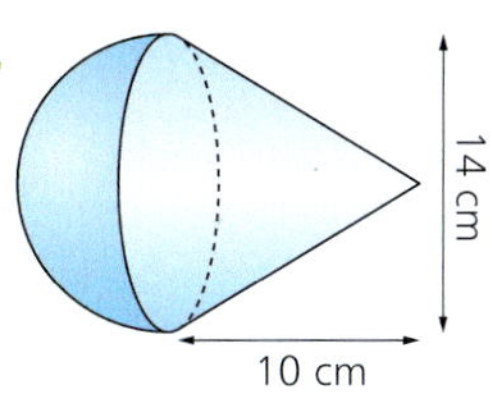

d.

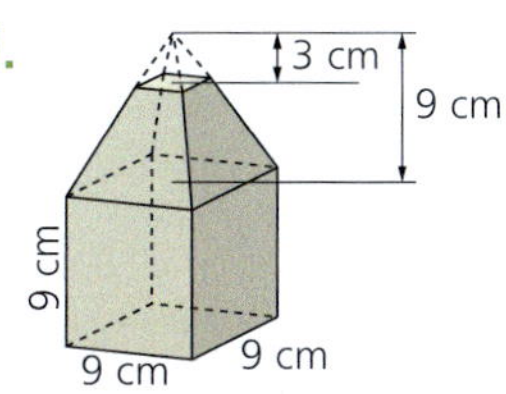

15 ⊕ Calcula el volumen que queda entre los siguientes cuerpos.

a.

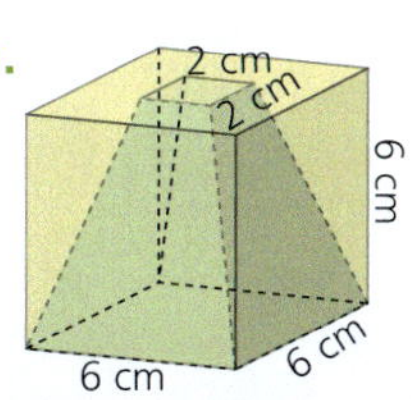

b.

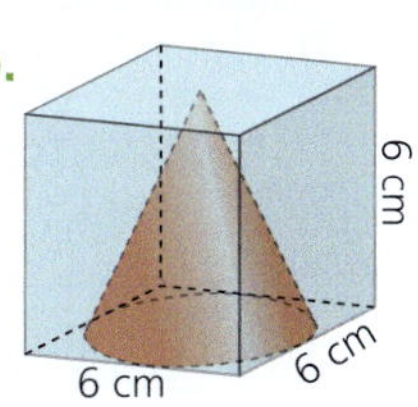

c.

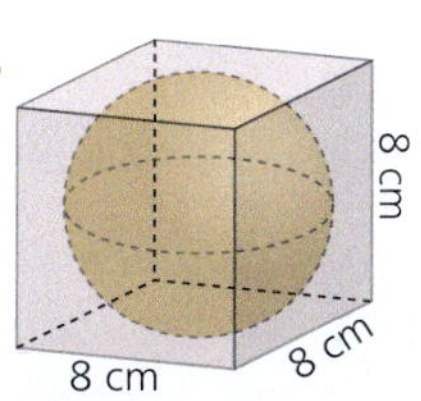

d.

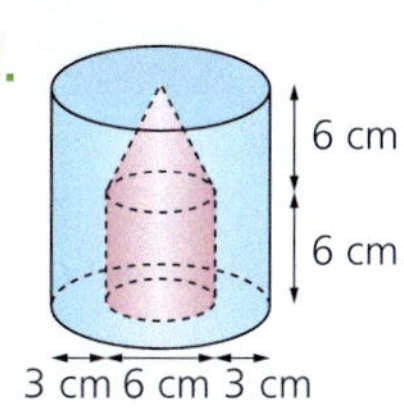

1 El área, en centímetros cuadrados, de un pentágono regular de 16 cm de lado y que tiene un radio de 13,61 cm es:

a. 120,75 b. 180 c. 440,42 d. 290,23

2 El área, en decímetros cuadrados, de un sector circular de 100° de amplitud y 6 dm de radio es:

a. π b. 10π c. 20π d. 30π

3 El área, en metros cuadrados, de un trapecio circular de 90° de amplitud y cuyos radios miden 5 m y 3 m, respectivamente, es:

a. π b. 2π c. 3π d. 4π

4 El área, en centímetros cuadrados, de un prisma heptagonal regular de 10 cm de arista básica, 10,38 cm de apotema básica y 7 cm de altura es:

a. 1 120,44 b. 1 216,6 c. 620,01 d. 820,93

5 El volumen, en centímetros cúbicos, de una pirámide cuadrangular regular de 4 cm de arista básica y 12 cm de apotema es:

a. 63,1 b. 79,8 c. 46,2 d. 82,5

6 El área, en centímetros cuadrados, de una esfera de 20 cm de diámetro es:

a. 100π b. 200π c. 400π d. 800π

7 El área, en metros cuadrados, de un cilindro de 1 m de radio y 3 m de altura es:

a. 5π b. 8π c. 10π d. 12π

8 El volumen de la siguiente figura es:

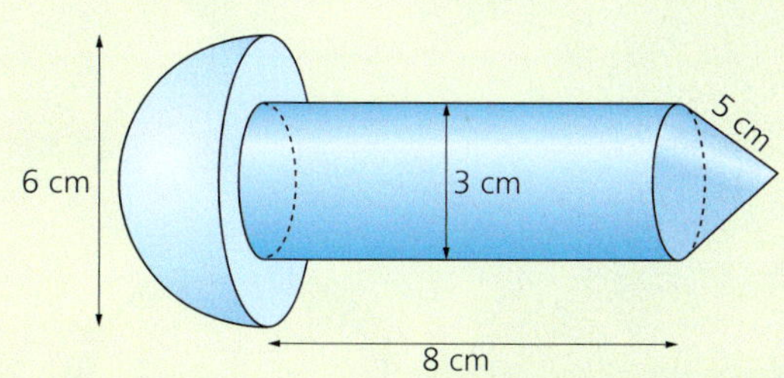

a. 124,27 cm³ b. 34,25 cm³ c. 39,58 cm³ d. 42,87 cm³

DIARIO DE APRENDIZAJE

¿Qué actividades de la unidad me hubiera gustado realizar con mis compañeros?

06 Semejanza

¿Qué conocimientos relacionados con este tema tengo o debería tener?

¿Observas alguna semejanza entre las piezas de ajedrez y las de un tablero de mesa? ¿Y entre las peceras? ¿Y entre los peces? Discutid en clase con el resto de los compañeros sobre estas cuestiones.

¿Cuál podría ser la razón de semejanza entre el llavero y la torre Eiffel?

01 Teorema de Tales

El **teorema de Tales** afirma que:

> **Si dos rectas, *r* y *s*, cortan a un sistema de rectas paralelas, los segmentos determinados por los puntos de intersección sobre una de ellas son proporcionales a los determinados por los puntos correspondientes en la otra.**

Proporción

Es una igualdad entre dos razones:

$$\frac{a}{b} = \frac{c}{d}$$

de tal modo que se cumple que:

$$a \cdot d = b \cdot c$$

Consideremos dos rectas, *r* y *s*, de un plano y tomemos en *r* dos segmentos cualesquiera, $\overline{AB}$ y $\overline{CD}$. A continuación, se trazan por sus extremos rectas paralelas entre sí de manera que corten a la recta *s*. De este modo, se forman en *s* dos segmentos, $\overline{A'B'}$ y $\overline{C'D'}$, que son proporcionales a los primeros, por lo que se verificará:

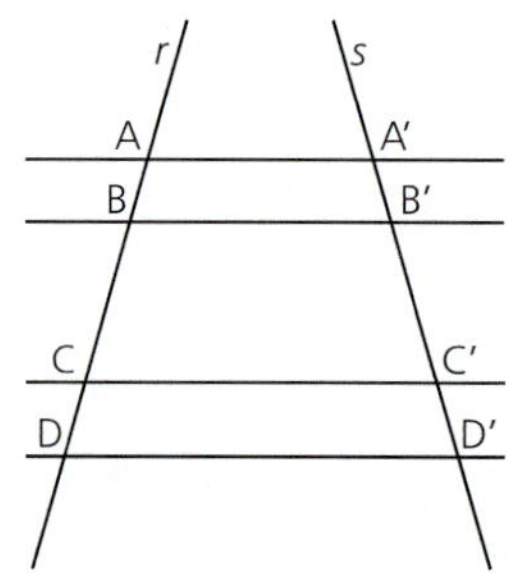

$$\frac{\overline{AB}}{\overline{A'B'}} = \frac{\overline{BC}}{\overline{B'C'}} = \frac{\overline{CD}}{\overline{C'D'}}$$

Del teorema de Tales se deduce que las rectas de un haz cortan a dos rectas paralelas cualesquiera, *r* y *s*, en segmentos proporcionales, y que, recíprocamente, si varias secantes cortan a dos rectas paralelas, *r* y *s*, produciendo sobre ellas segmentos proporcionales, dichas secantes concurren en un mismo punto, O:

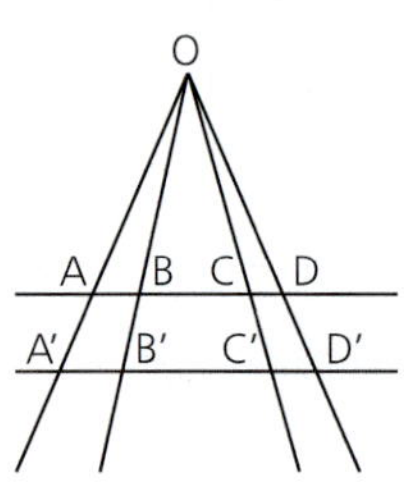

$$\frac{\overline{OA}}{\overline{AA'}} = \frac{\overline{OB}}{\overline{BB'}} = \frac{\overline{OC}}{\overline{CC'}} = \frac{\overline{OD}}{\overline{DD'}}$$

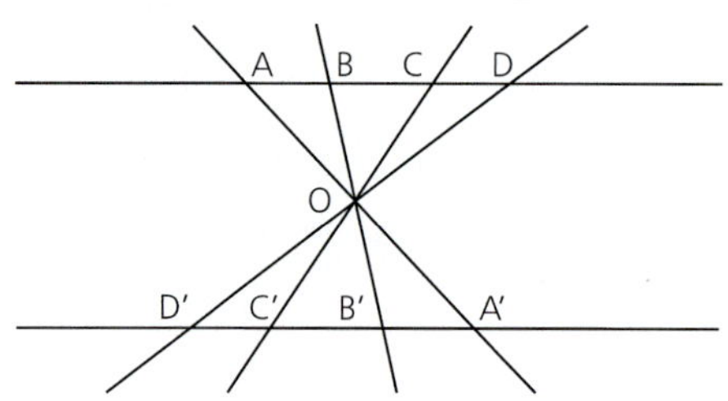

$$\frac{\overline{OA}}{\overline{OA'}} = \frac{\overline{OB}}{\overline{OB'}} = \frac{\overline{OC}}{\overline{OC'}} = \frac{\overline{OD}}{\overline{OD'}}$$

Observa

A partir del teorema de Tales se obtiene la siguiente relación:

$$\frac{\overline{OA}}{\overline{OA'}} = \frac{\overline{AB}}{\overline{A'B'}} = \frac{\overline{BC}}{\overline{B'C'}} = \frac{\overline{CD}}{\overline{C'D'}}$$

01.1 Aplicaciones del teorema de Tales

Muchos cálculos de longitudes o construcciones geométricas se realizan tomando como punto de partida el teorema de Tales.

Construcción del cuarto proporcional a tres segmentos dados

Veamos cómo se construye el segmento *x*, llamado **cuarto proporcional**, tal que, dados otros tres segmentos, *a*, *b* y *c*, se verifica que $\frac{a}{b} = \frac{c}{x}$.

1. Se llevan los segmentos *a* y *b* sobre un lado de un ángulo a partir del vértice O, y el segmento *c* sobre el otro lado.

2. Se unen los extremos A y C de *a* y *c*, respectivamente, y se traza por B, extremo de *b*, una paralela a $\overline{AC}$. El punto, X, donde dicha paralela corta al lado OC es el extremo del segmento *x* medido a partir de C.

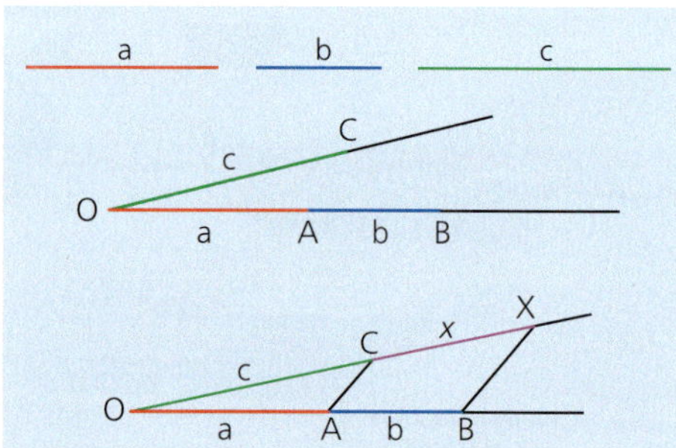

División de un segmento en partes proporcionales a segmentos dados

Vamos a ver cómo dividir un segmento, *x*, en partes proporcionales a tres segmentos dados, *a*, *b* y *c*:

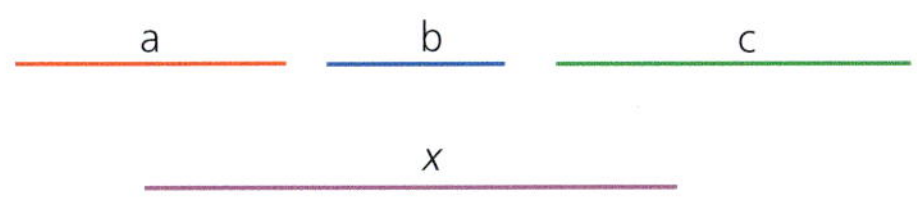

1 Se sitúa el segmento *x* sobre una recta y sobre otra recta concurrente a esta se disponen correlativamente los tres segmentos dados: *a*, *b* y *c*.

2 Se traza un segmento desde el extremo final del último segmento, *c*, hasta el extremo X del segmento *x*. A continuación, se dibujan paralelas al segmento $\overline{CX}$ que pasen por los extremos de los otros segmentos.

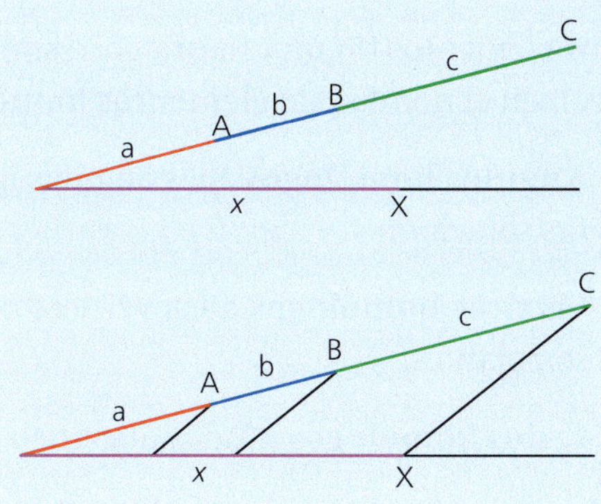

ACTIVIDADES

1 Halla las longitudes desconocidas en las siguientes figuras aplicando el teorema de Tales:

a.

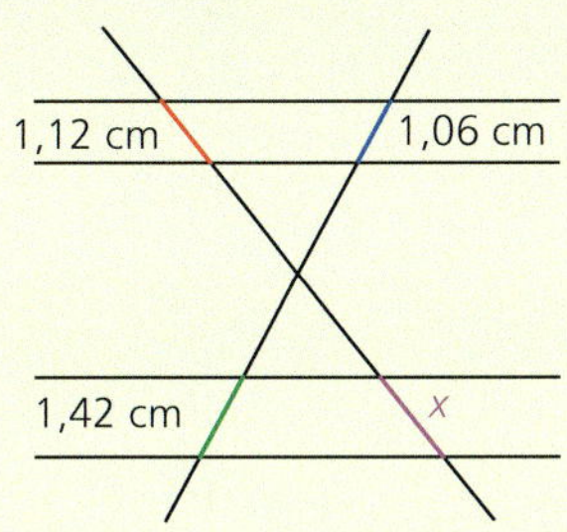

b.

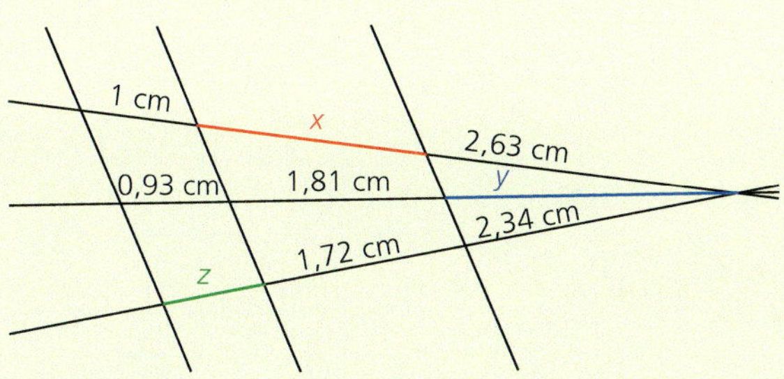

c.

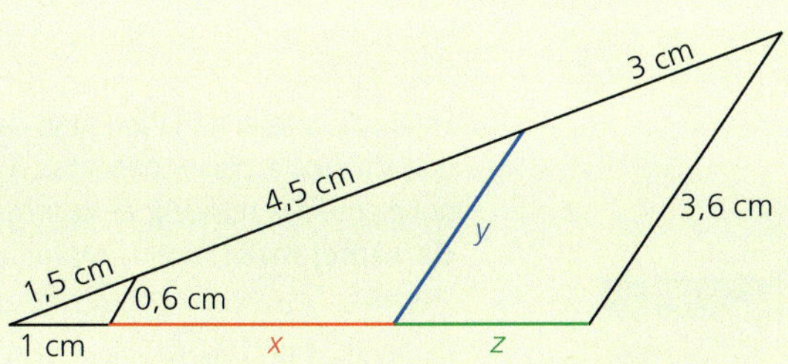

2 Determina el cuarto proporcional a los siguientes segmentos:

a. 2, 3, 5 **b.** 10, 9, 15 **c.** 5, 6, 6 **d.** 50, 12, 30

3 Utilizando el teorema de Tales, construye el cuarto proporcional a los segmentos de longitudes 4 cm, 10 cm y 5 cm.

4 Divide el segmento $\overline{AB}$, de 30 cm de longitud, en tres segmentos proporcionales a los segmentos que tienen por longitud 2 cm, 4 cm y 5 cm, respectivamente.

5 Aplicando el teorema de Tales, divide el segmento $\overline{AB}$ de 10 cm de longitud en cinco partes iguales.

6 Si dibujas un triángulo y trazas una paralela a uno de los lados que corte dicho triángulo, ¿cómo son los lados del nuevo triángulo respecto al triángulo original? Justifica tu respuesta una vez dibujada dicha situación.

7 Calcula los lados desconocidos de la siguiente figura:

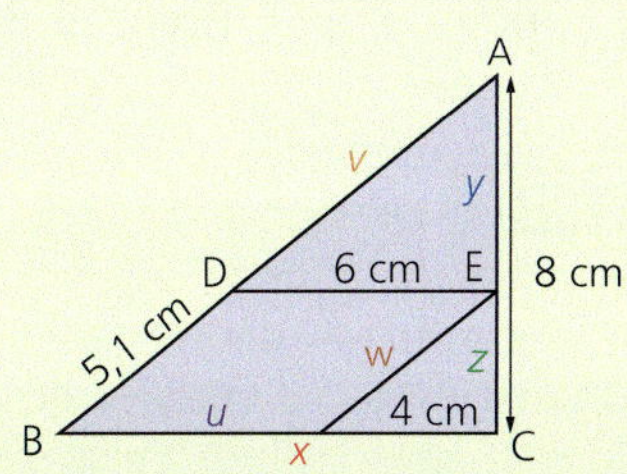

8 Visualiza el siguiente vídeo en clase, en el que el conjunto musical Les Luthiers explica el teorema de Tales cantando. Después de verlo, comentad en grupos qué elementos matemáticos aparecen en el vídeo aparte del citado teorema.

https://www.youtube.com/watch?v=Q8F538tA-jI

02 Figuras semejantes

Dos figuras son **semejantes** si tienen la misma forma, pero distinto tamaño.

Los elementos de una figura correspondientes a otra figura semejante a ella reciben el nombre de **elementos homólogos.** De este modo, se denomina:

- **Ángulos homólogos** a los ángulos iguales e igualmente dispuestos en figuras semejantes.
- **Vértices homólogos** a los vértices de los ángulos homólogos en las figuras semejantes.
- **Lados homólogos** a lados que unen los vértices homólogos.

El cociente entre las longitudes de los lados homólogos se denomina **razón de semejanza, *r*.**

En las siguientes figuras semejantes, los vértices homólogos y los lados homólogos se representan con las mismas letras:

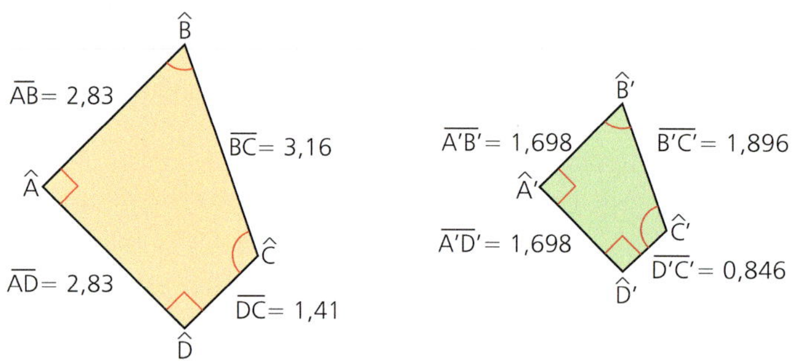

Se puede observar que:

- Los ángulos homólogos son iguales:

$$\hat{A} = \widehat{A'};\ \hat{B} = \widehat{B'};\ \hat{C} = \widehat{C'};\ \hat{D} = \widehat{D'}$$

- Los lados homólogos son proporcionales, y k = 0,6 es la razón de semejanza:

$$r = \frac{\overline{A'B'}}{\overline{AB}} = \frac{\overline{B'C'}}{\overline{BC}} = \frac{\overline{C'D'}}{\overline{CD}} = \frac{\overline{D'A'}}{\overline{DA}} = \frac{1,698}{2,83} = \frac{1,896}{3,16} = \frac{0,846}{1,41} = \frac{1,698}{2,83} = 0,6$$

Figuras semejantes

Figuras no semejantes

ACTIVIDAD RESUELTA

Calcula la razón de semejanza de estas dos fotografías:

$$r = \frac{4,6}{6,2} = 0,74$$

Escala

Es el cociente entre la longitud de la reproducción (mapa, plano, maqueta...) y la correspondiente a la realidad, es decir, es la **razón de semejanza** entre la reproducción y la realidad.

La escala 1:50 significa que 1 cm del plano equivale a 50 cm de la realidad, con lo que la razón de semejanza es: $\frac{1}{50}$

Construcción de figuras semejantes por el método de proyección

Se quiere construir una figura semejante a la del margen utilizando como razón de semejanza el valor *r*. Lo vamos a hacer mediante proyección u **homotecia.**

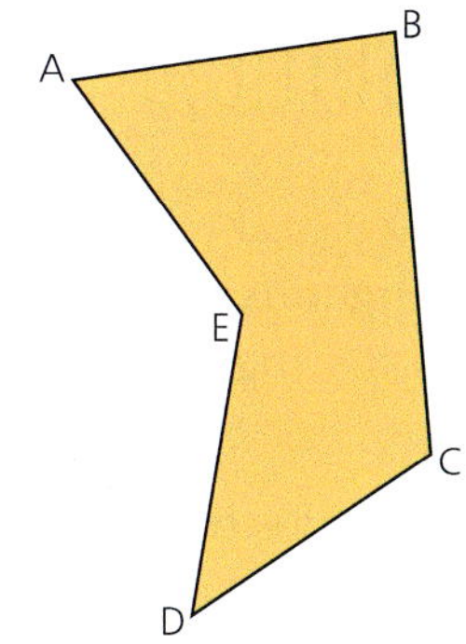

Una **homotecia** de centro O y razón de semejanza *r* es una transformación que hace corresponder a cada punto, A, otro punto, A', de manera que O, A y A' están alineados y $r = \frac{\overline{OA'}}{\overline{OA}}$. Así, dos figuras homotéticas son semejantes con razón de semejanza *r*.

1 Se dibuja el punto O y se trazan rectas que vayan desde dicho punto a cada uno de los vértices de la figura:

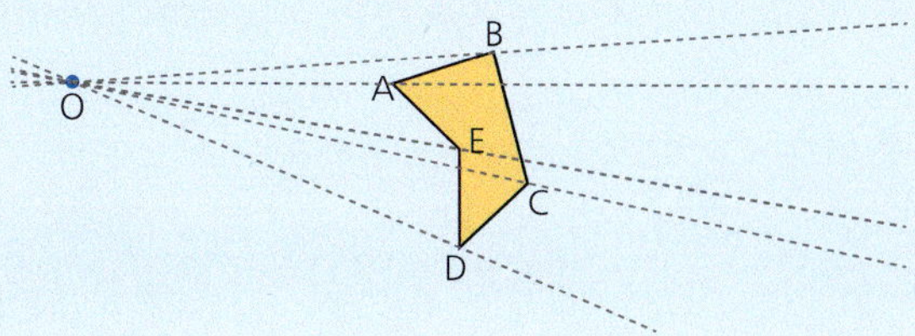

2 Se dibuja el punto A' mediante la relación $r = \frac{\overline{OA'}}{\overline{OA}}$, ya que conocemos *r* y $\overline{OA}$.

3 Situado ya el punto A', se trazan a partir de él segmentos paralelos a los lados, de modo que, al intersectar dichos segmentos con las rectas antes dibujadas, se forma la nueva figura semejante:

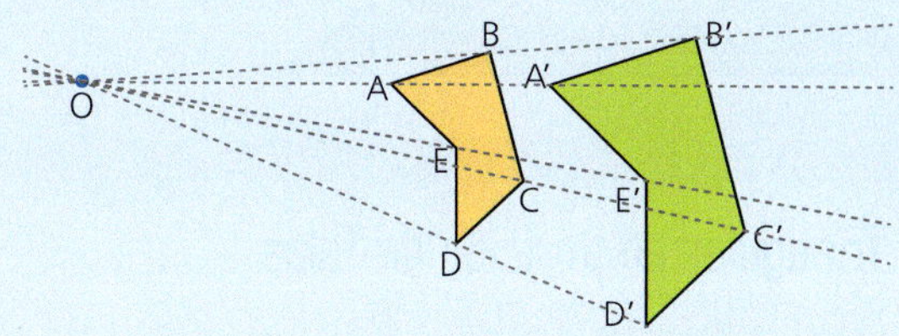

$$r = \frac{\overline{A'B'}}{\overline{AB}} = \frac{\overline{B'C'}}{\overline{BC}} = \frac{\overline{C'D'}}{\overline{CD}} = \frac{\overline{D'E'}}{\overline{DE}} = \frac{\overline{E'A'}}{\overline{EA}}$$

ACTIVIDADES

9 Indica si las siguientes figuras son o no semejantes:

a.

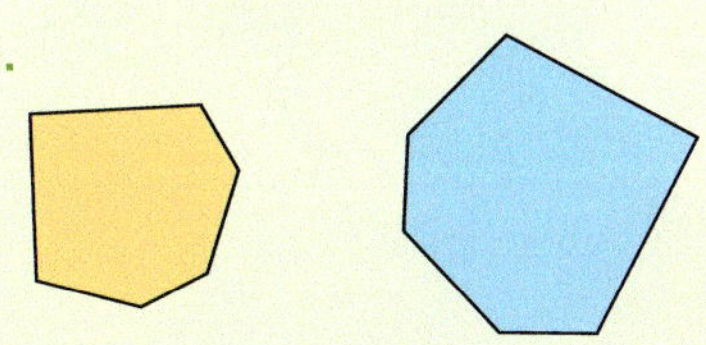

b.

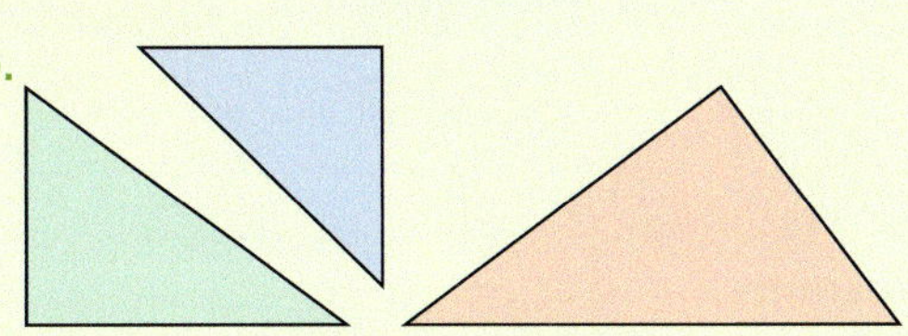

10 Mide las figuras semejantes de la actividad anterior e indica su razón de semejanza.

11 Construye dos figuras semejantes a la siguiente, con razones de semejanza r = 0,5 y r' = 1,5, respectivamente, mediante el método de proyección.

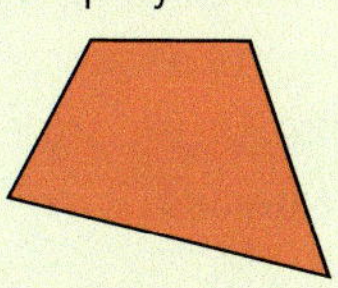

12 Un dibujo cuyas medidas son 10 × 8 cm se reduce al 60 % en una fotocopiadora.

a. ¿Será el dibujo resultante semejante? ¿Cuáles serán sus dimensiones finales? ¿Y la razón de semejanza?

b. Contesta a las preguntas del apartado anterior considerando que en lugar de una reducción se ha realizado una ampliación del 112 %.

13 El plano de esta habitación está realizado a escala 1:60. Calcula las medidas reales de la habitación.

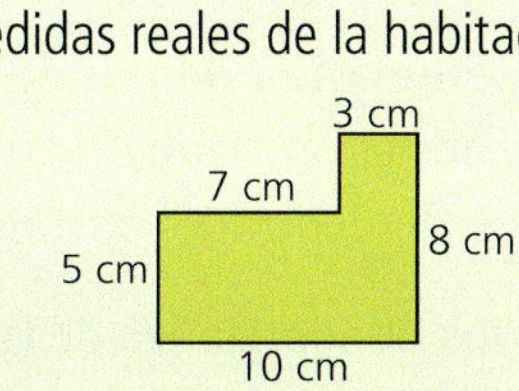

14 Contesta a las siguientes preguntas:

a. ¿Son todos los círculos figuras semejantes? ¿Cómo se calcula su razón de semejanza?

b. ¿Qué condición necesaria ha de cumplirse para que un polígono regular sea semejante a otro?

03 Semejanza de triángulos

Dos **polígonos** son **semejantes** si sus lados homólogos son proporcionales y sus ángulos homólogos son iguales.

En particular, dos **triángulos** son **semejantes** si sus lados son proporcionales y los ángulos correspondientes formados por dichos lados son iguales:

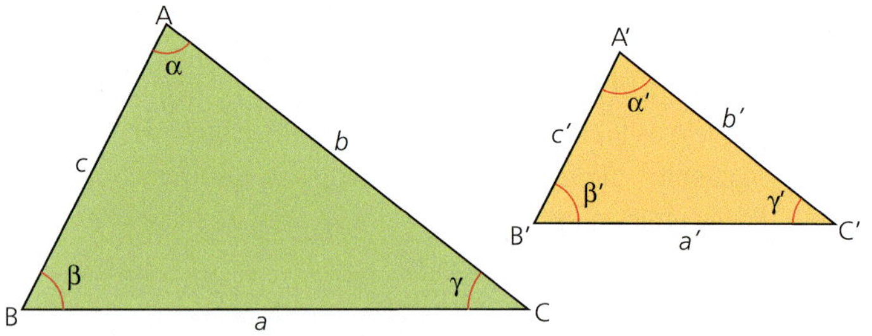

$$\alpha = \alpha' \qquad \beta = \beta' \qquad \gamma = \gamma'$$

$$\frac{a}{a'} = \frac{b}{b'} = \frac{c}{c'}$$

03.1 Triángulos en posición de Tales

Dos triángulos están en **posición de Tales** si tienen un ángulo común, α, y los lados opuestos a dicho ángulo son paralelos.

Si dos triángulos están en posición de Tales, entonces son semejantes.

Por el teorema de Tales, los segmentos $\overline{AC}$ y $\overline{AB}$ cortan a los segmentos paralelos $\overline{BC}$ y $\overline{B'C'}$, con lo que forman segmentos proporcionales:

$$\frac{\overline{AC}}{\overline{AC'}} = \frac{\overline{AB}}{\overline{AB'}} = \frac{\overline{BC}}{\overline{B'C'}}$$

Del mismo modo, los ángulos correspondientes son iguales, al estar formados por un lado común y los otros lados paralelos:

$$\beta = \beta' \qquad \gamma = \gamma'$$

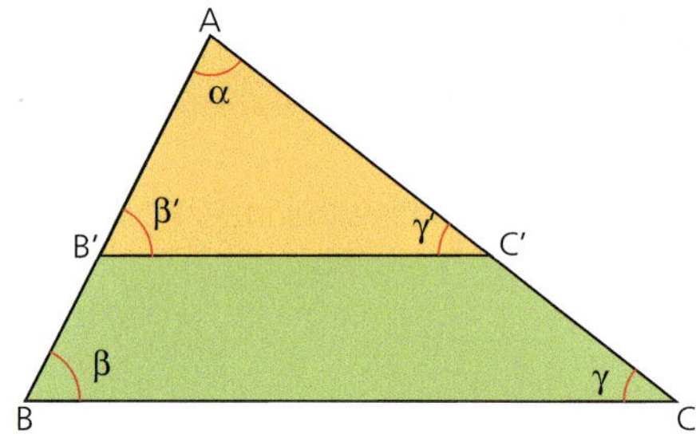

03.2 Criterios de semejanza de triángulos

Los **criterios de semejanza de triángulos** son un conjunto de condiciones que, al cumplirse, nos garantizan que dichos triángulos son semejantes. Estos criterios pueden ser demostrados situando los triángulos en posición de Tales.

Existen tres criterios de semejanza de triángulos:

Criterio 1

Dos triángulos son semejantes si sus lados son proporcionales:

$$\frac{\overline{AB}}{\overline{A'B'}} = \frac{\overline{BC}}{\overline{B'C'}} = \frac{\overline{CA}}{\overline{C'A'}}$$

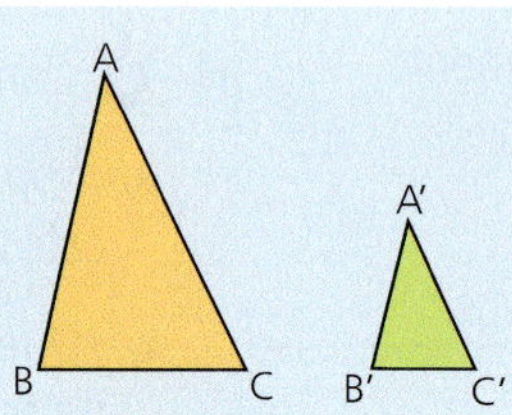

Si los lados de dos triángulos son proporcionales, ambos triángulos pueden situarse en posición de Tales, uno dentro de otro. De ello se deduce que los triángulos son semejantes.

Criterio 2

Dos triángulos son semejantes si tienen dos ángulos iguales:

$$\alpha = \alpha' \text{ y } \beta = \beta'$$

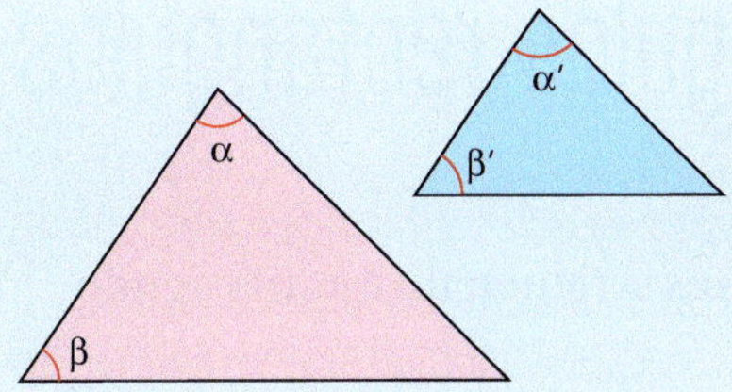

Si dos triángulos tienen dos ángulos iguales, tienen también igual el tercer ángulo, al ser este suplementario de la suma de los otros dos. Por tanto, si tienen los tres ángulos iguales, pueden situarse en posición de Tales y son, de este modo, semejantes.

Criterio 3

Dos triángulos son semejantes si tienen un ángulo igual y los lados que forman dicho ángulo son proporcionales:

$$\alpha = \alpha' \text{ y } \frac{\overline{A'B'}}{\overline{AB}} = \frac{\overline{A'C'}}{\overline{AC}}$$

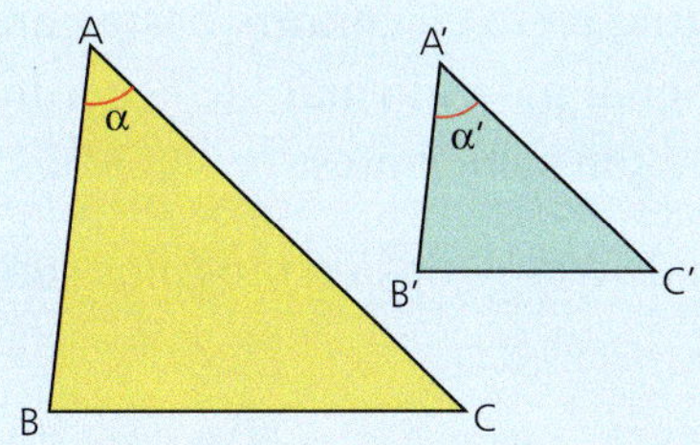

Si dos triángulos tienen un ángulo igual y los lados que forman dicho ángulo son proporcionales, entonces pueden situarse en posición de Tales con ese ángulo en común. Ambos triángulos son, en consecuencia, semejantes.

ACTIVIDADES

15 Indica si los siguientes triángulos son semejantes. Si no lo son, corrige los datos para que lo sean.

a. Un triángulo que tiene lados de 4 cm, 6 cm y 8 cm y otro triángulo que tiene lados de 10 cm, 15 cm y 20 cm.

b. Un triángulo con ángulos de 45° y 60° y otro triángulo con ángulos de 45° y 85°.

c. Un triángulo con dos lados de 8 cm y 6 cm que forman un ángulo de 30° y otro triángulo dos de cuyos lados miden 9 cm y 8 cm y que también forman un ángulo de 30°.

d. Un triángulo con un ángulo de 78° y otro de 34° y otro triángulo con un ángulo de 68° y otro de 34°.

e. Un triángulo cuyos lados miden 9 cm, 12 cm y 30 cm y otro triángulo que tiene lados de 10 cm, 18 cm y 45 cm.

f. Un triángulo con lados de 2 cm, 3 cm y 5 cm y otro triángulo cuyos lados miden $\sqrt{50}$ cm, $3\sqrt{2}$ cm y $\frac{4}{\sqrt{2}}$ cm.

16 Dibuja en tu cuaderno los siguientes triángulos colocándolos en posición de Tales y calcula los lados que son desconocidos:

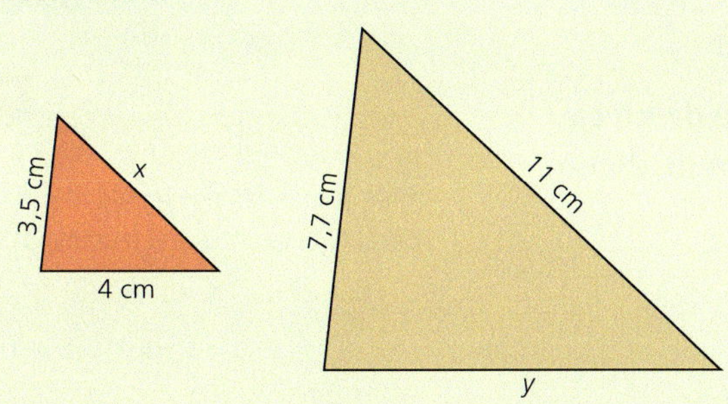

17 Indica por qué los siguientes triángulos son semejantes y halla las medidas desconocidas:

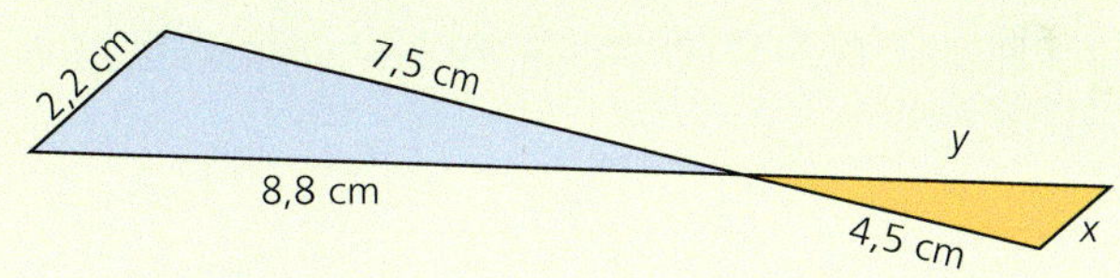

18 Investiga en Internet cómo solucionó Tales el siguiente problema y prepara, junto con tu compañero, una presentación en la que expliquéis dicha resolución.

Cuando la ciudad de Mileto, situada en la costa griega, iba a ser atacada por los barcos enemigos, el ejército recurrió a Tales, ya que necesitaba saber a qué distancia se encontraba una nave para ajustar el tiro de sus catapultas.

19 Una torre proyecta una sombra de 30 m. Si a la misma hora un árbol de 2 m de altura arroja una sombra de 60 cm, ¿qué altura tiene la torre?

20 Daniel se sitúa a 90 cm del borde de un acantilado. Desde ahí, su visual une dicho borde con la posición de un barco que se encuentra a 100 m del acantilado. Si Daniel mide 1,35 m, ¿qué altura tiene el acantilado?

04 Semejanza de triángulos rectángulos

> **Dos triángulos rectángulos son semejantes** si tienen un ángulo agudo igual.

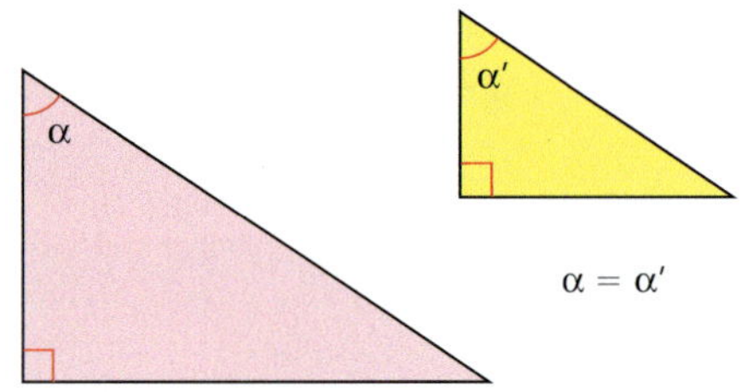

Como dos triángulos rectángulos tienen el ángulo recto en común, basta con comprobar que uno de los ángulos agudos es igual para afirmar, de acuerdo con el criterio 2 de semejanza de triángulos, que son semejantes.

Las consecuencias inmediatas de la semejanza de triángulos rectángulos son las siguientes:

1 Todos los triángulos obtenidos al trazar una perpendicular a un lado son semejantes.

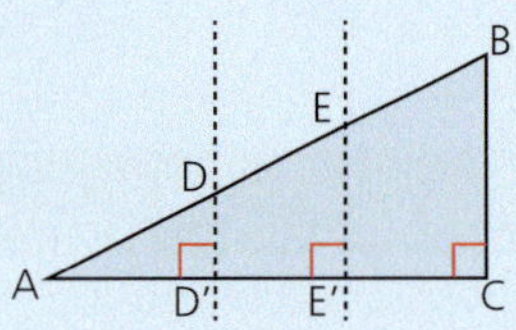

Al trazar perpendiculares a un lado, se forman triángulos rectángulos que tienen en común un ángulo agudo. Así, los triángulos rectángulos resultantes $\widehat{ADD'}$, $\widehat{AEE'}$ y $\widehat{ABC}$ son semejantes.

2 La altura sobre la hipotenusa en un triángulo rectángulo determina dos triángulos rectángulos semejantes al triángulo original.

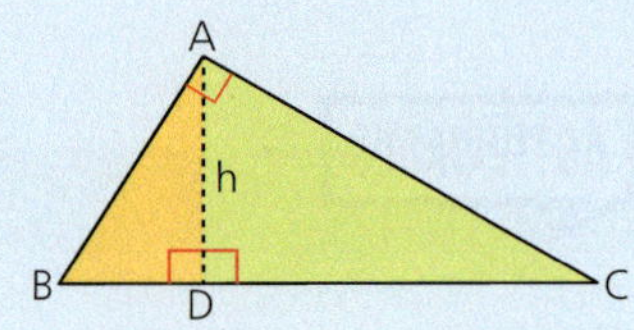

Los triángulos rectángulos resultantes al trazar la altura tienen un ángulo agudo común con el triángulo original, por lo que $\widehat{ABC}$, $\widehat{ABD}$ y $\widehat{ADC}$ son semejantes.

04.1 Teorema del cateto

Fíjate en el triángulo $\widehat{ABC}$ del margen. Al trazar la altura, *h,* sobre la hipotenusa, esta queda dividida en dos segmentos, *m* y *n,* y se obtienen dos triángulos rectángulos, $\widehat{ABD}$ y $\widehat{CDA}$, ambos semejantes al original.

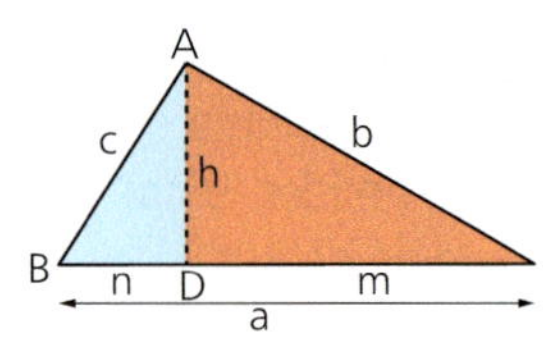

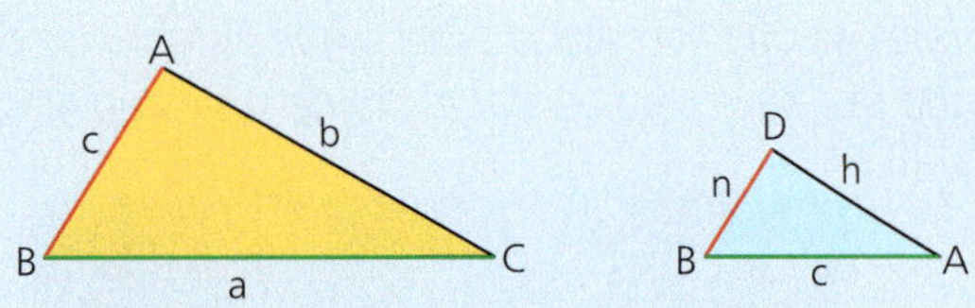

Por ser semejantes los triángulos $\widehat{ABC}$ y $\widehat{DBA}$, sus lados homólogos son proporcionales y se cumple que:

$$\frac{\overline{BC}}{\overline{BA}} = \frac{\overline{BA}}{\overline{BD}} \Rightarrow \frac{a}{c} = \frac{c}{n} \Rightarrow c^2 = a \cdot n$$

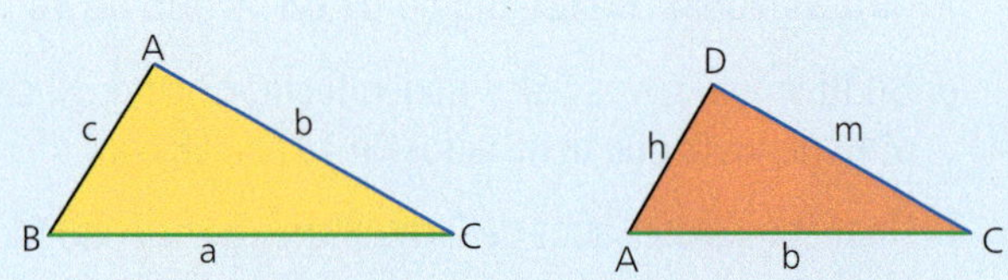

Por ser semejantes los triángulos $\widehat{ABC}$ y $\widehat{DAC}$, sus lados homólogos son proporcionales y se cumple que:

$$\frac{\overline{CB}}{\overline{CA}} = \frac{\overline{CA}}{\overline{CD}} \Rightarrow \frac{a}{b} = \frac{b}{m} \Rightarrow b^2 = a \cdot m$$

> **Teorema del cateto.** En un triángulo rectángulo, el cuadrado de un cateto es igual al producto de su hipotenusa por la proyección de dicho cateto sobre la hipotenusa:
>
> $$c^2 = a \cdot n$$
>
> $$b^2 = a \cdot m$$

Observa

Si se suman las dos igualdades del teorema del cateto, se obtiene el teorema de Pitágoras:

$$b^2 + c^2 = a \cdot n + a \cdot m = a \cdot (n + m) =$$
$$= a \cdot a = a^2 \Rightarrow a^2 = b^2 + c^2$$

04.2 Teorema de la altura

En el triángulo $\widehat{ABC}$, se ha trazado la altura, *h*, sobre la hipotenusa, obteniéndose dos triángulos rectángulos: $\widehat{ABD}$ y $\widehat{CAD}$, ambos semejantes al original. Además, la hipotenusa queda dividida en dos segmentos, *m* y *n*, que son las proyecciones ortogonales de los catetos *b* y *c*, respectivamente.

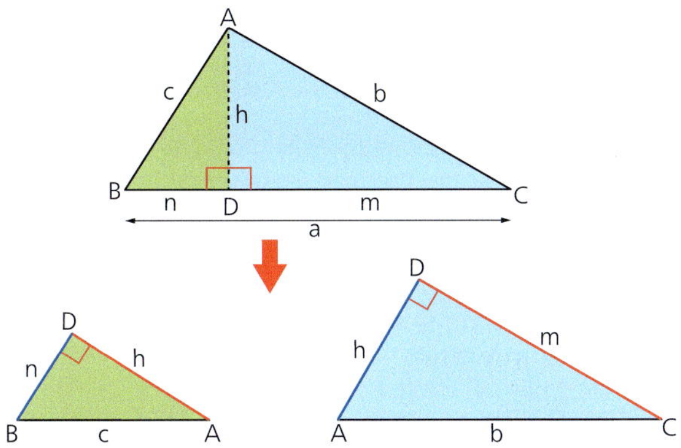

Por ser semejantes, sus lados homólogos son proporcionales:

$$\frac{\overline{DB}}{\overline{DA}} = \frac{\overline{DA}}{\overline{DC}} = \frac{n}{h} = \frac{h}{m} \Rightarrow h^2 = m \cdot n$$

Teorema de la altura. En un triángulo rectángulo, el cuadrado de la altura relativa a la hipotenusa es igual al producto de las proyecciones ortogonales de los catetos sobre ella:

$$h^2 = m \cdot n$$

ACTIVIDAD RESUELTA

Calcula la altura sobre la hipotenusa del siguiente triángulo rectángulo:

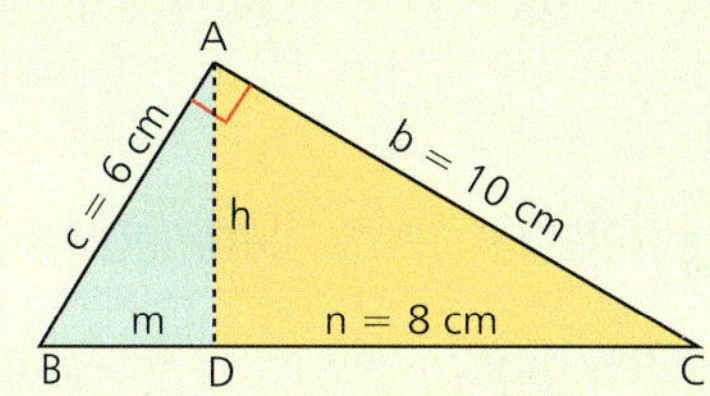

Por el teorema del cateto:

$b^2 = a \cdot n \Rightarrow a = \frac{b^2}{n} = \frac{10^2}{8} \Rightarrow$

$\Rightarrow a = 12{,}5$ cm

Como $a = m + n$, entonces:

$m = a - n = 12{,}5 - 8 = 4{,}5 \Rightarrow$

$\Rightarrow m = 4{,}5$ cm

Por el teorema de la altura:

$h^2 = m \cdot n = 4{,}5 \cdot 8 = 36 \Rightarrow$

$\Rightarrow h = 6$ cm

ACTIVIDADES

21 Calcula las medidas desconocidas de los siguientes triángulos, utilizando los teoremas del cateto, de la altura y de Pitágoras:

a.

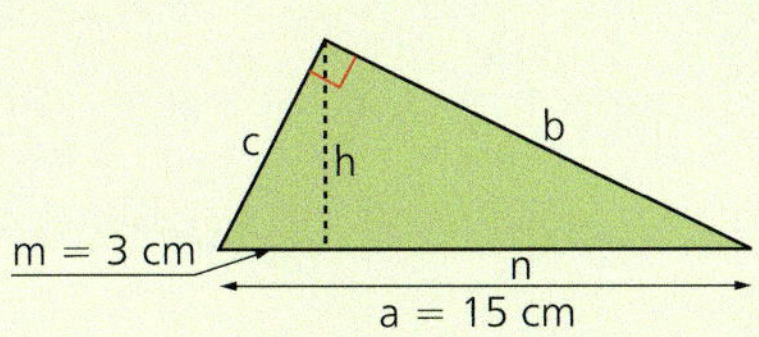

b.

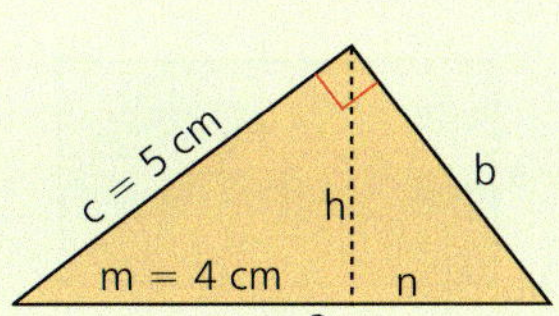

c.

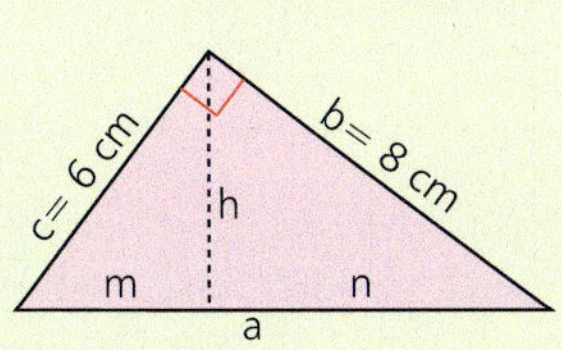

22 Un triángulo rectángulo de 60 cm² de área tiene un cateto que mide 8 cm. ¿Cuánto mide la altura sobre la hipotenusa?

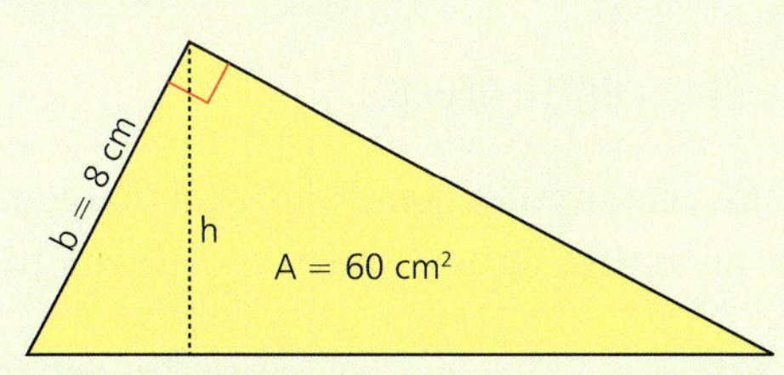

23 Halla el perímetro y el área de la siguiente figura, utilizando los teoremas del cateto y de la altura:

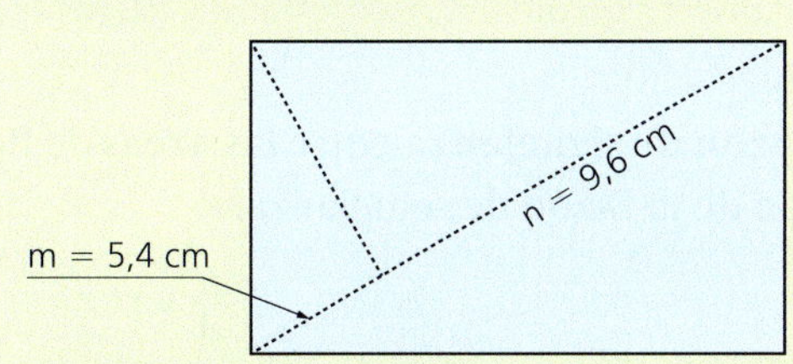

05 Relación entre perímetros, áreas y volúmenes de cuerpos semejantes

Existe también una relación de semejanza entre los perímetros, áreas y volúmenes de figuras semejantes, que está relacionada con la razón de semejanza que hay entre dichas figuras semejantes.

05.1 Relación entre perímetros

Consideremos las figuras semejantes del margen, de razón de semejanza *r*.

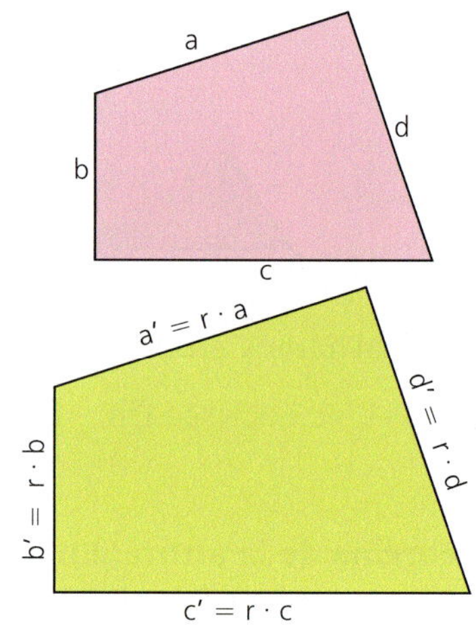

Los perímetros de ambas figuras son, respectivamente:

$$\left.\begin{aligned} P &= a+b+c+d \\ P' &= a'+b'+c'+d' = \\ &= r\cdot a + r\cdot b + r\cdot c + r\cdot d = \\ &= r\cdot(a+b+c+d) = r\cdot P \end{aligned}\right\}$$

Si se dividen ambas expresiones miembro a miembro, se obtiene que:

$$\frac{P'}{P} = \frac{r\cdot \cancel{P}}{\cancel{P}} = r$$

La razón de semejanza entre los perímetros de figuras semejantes coincide con la razón de semejanza, *r:*

$$\frac{P'}{P} = r$$

ACTIVIDAD RESUELTA

Halla los perímetros de las figuras del margen, calculando posteriormente su razón de semejanza.

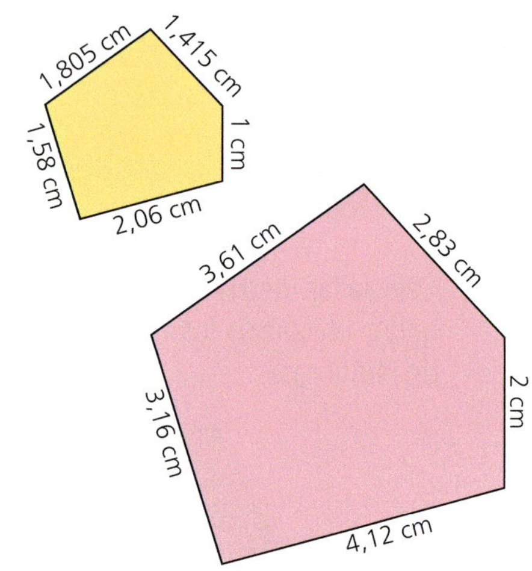

$$\left.\begin{aligned} P &= 1{,}805 + 1{,}415 + 1 + 2{,}06 + 1{,}58 = 7{,}86 \text{ cm} \\ P' &= 3{,}61 + 2{,}83 + 2 + 4{,}12 + 3{,}16 = 15{,}72 \text{ cm} \end{aligned}\right\} \Rightarrow \frac{P}{P'} = \frac{15{,}72}{7{,}86} = 2$$

05.2 Relación entre áreas

Fíjate en los rectángulos semejantes del margen, cuya razón de semejanza es *k*. Las áreas de ambas figuras son, respectivamente:

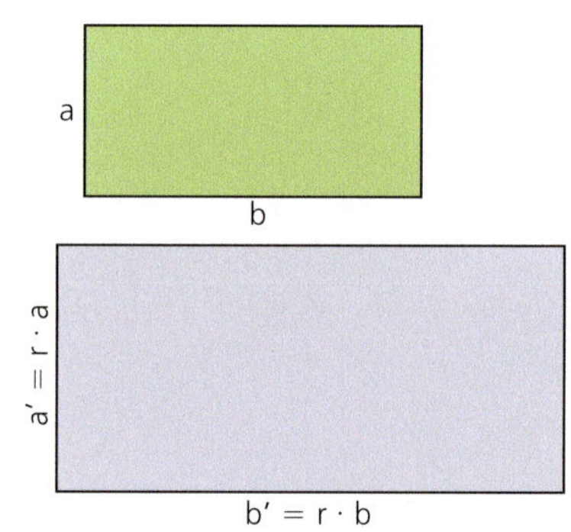

$$\left.\begin{aligned} A &= a\cdot b \\ A' &= a'\cdot b' = r\cdot a\cdot r\cdot b = r^2\cdot A \end{aligned}\right\}$$

Si se dividen ambas expresiones miembro a miembro, se obtiene que:

$$\frac{A'}{A} = \frac{r^2\cdot \cancel{A}}{\cancel{A}} = r^2$$

La razón de semejanza entre las áreas de figuras semejantes es el cuadrado de la razón de semejanza, *r:*

$$\frac{A'}{A} = r^2$$

05.3 Relación entre volúmenes

Fíjate en las figuras semejantes del margen, de razón de semejanza *r*. Los volúmenes de ambas figuras son, respectivamente:

$$\left.\begin{aligned} V &= a \cdot a \cdot a \\ V' &= a' \cdot a' \cdot a' = a \cdot r \cdot a \cdot r \cdot a \cdot r = \\ &= r^3 \cdot a \cdot a \cdot a = r^3 \cdot V \end{aligned}\right\}$$

Si se dividen miembro a miembro ambas expresiones, resulta:

$$\frac{V'}{V} = \frac{r \cdot \cancel{V}}{\cancel{V}} = r^3$$

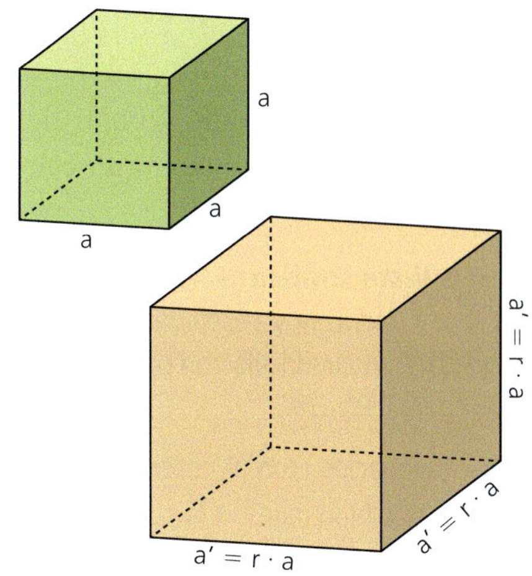

La **razón de semejanza entre los volúmenes** de figuras semejantes coincide con el cubo de la razón de semejanza, *r*:

$$\frac{V'}{V} = r^3$$

ACTIVIDAD RESUELTA

Calcula el área de las bases y los volúmenes de las figuras del margen, así como la razón de semejanza, comprobando su relación con las áreas y los volúmenes.

$$\left.\begin{aligned} A &= 1 \cdot 2 = 2\ \text{cm}^2 \\ A' &= 1{,}2 \cdot 2{,}4 = 2{,}88\ \text{cm}^2 \end{aligned}\right\} r^2 = \frac{A'}{A} = \frac{2{,}88}{2} = 1{,}44 \Rightarrow r = \sqrt{1{,}44} = 1{,}2$$

$$\left.\begin{aligned} V &= 1 \cdot 2 \cdot 4 = 8\ \text{cm}^3 \\ V' &= 1{,}2 \cdot 2{,}4 \cdot 4{,}8 = 13{,}824\ \text{cm}^3 \end{aligned}\right\} r^3 = \frac{V'}{V} = \frac{13{,}824}{8} = 1{,}728 \Rightarrow r = \sqrt[3]{1{,}428} = 1{,}2$$

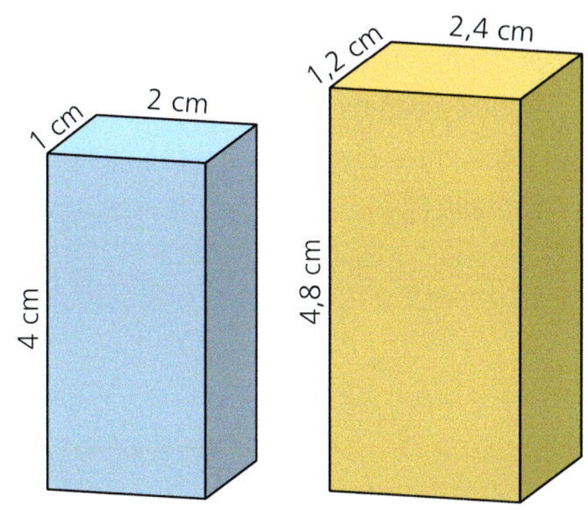

ACTIVIDADES

24 Un hexágono regular de 2 cm de lado y 1,73 cm de apotema es semejante a otro hexágono regular de 41,52 cm^2 de área.

a. ¿Cuál es la razón de semejanza?

b. ¿Cuál es el lado de la segunda figura?

c. Halla el perímetro de las dos figuras, comprobando su relación de semejanza.

25 Un ortoedro cuyas aristas miden 5 cm , 10 cm y 15 dm, respectivamente, es semejante a otro ortoedro de 24,576 m^3 de volumen. ¿Cuáles son las dimensiones de este segundo ortoedro?

26 Un prisma pentagonal tiene una base de 60 cm^2 de área. Dicho prisma es semejante a otro de 12 cm de altura y 6,48 dm^3 de volumen. ¿Cuál es el volumen del primer prisma? ¿Qué altura tiene dicho prisma?

27 La siguiente figura es semejante a otra de 2,24 dm^3 de volumen. Sabiendo que el ortoedro de la segunda figura tiene un volumen de 1,6 dm^3:

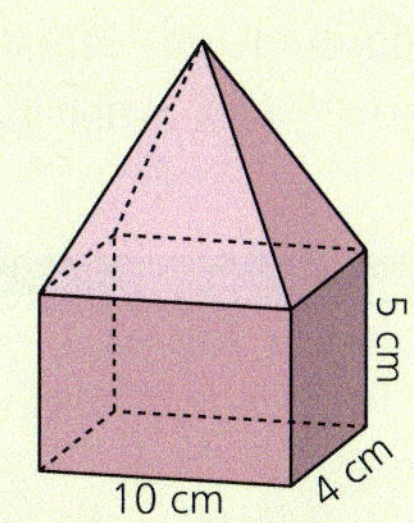

a. ¿Cuál es la razón de semejanza?

b. ¿Cuál es el volumen de la primera figura?

c. ¿Cuál es el volumen de ambas pirámides?

28 Una figura de 56 cm^2 de área es semejante a otra de 207,2 cm^2.

a. ¿Cuál es la razón entre las áreas?

b. ¿Es igual dicha razón que la razón de semejanza entre ambas figuras? ¿Cuál es esta razón de semejanza?

HERRAMIENTAS TECNOLÓGICAS

Semejanza y homotecias con GeoGebra

Con GeoGebra se puede dibujar figuras semejantes a partir de una dada mediante el movimiento de homotecia.

En la **Vista Gráfica** se hace clic con el botón derecho y se selecciona *Cuadrícula* y deselecciona *Ejes*. De este modo, la pantalla quedará en cuadrícula con objeto de que sea más sencillo dibujar la figura deseada.

A continuación, con el botón polígono, dibujamos el polígono inicial como muestra la pantalla (A).

En la **Vista Algebraica** es posible observar los elementos de los que está formado el polígono. Si situamos el botón derecho en cada uno de los elementos, se puede cambiar el aspecto del polígono (B). En concreto, vamos a quitar la selección de *Mostrar el objeto* en cada uno de los puntos, para que no se visualicen. También vamos a cambiar el color del polígono en *Propiedades* y a aumentar el grosor de las líneas del polígono, como muestra la pantalla (C).

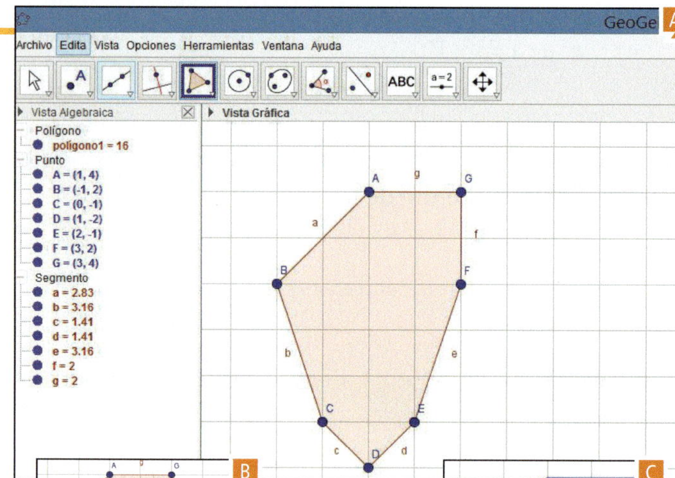

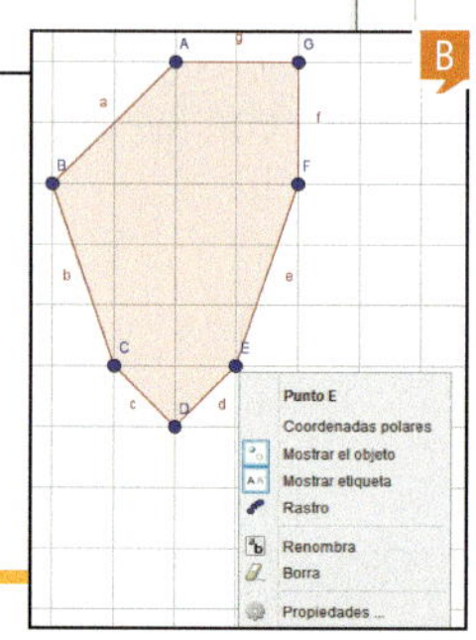

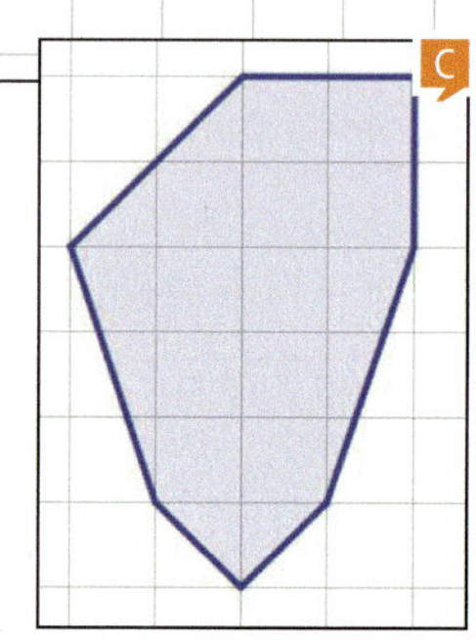

Para efectuar una homotecia de una figura, se pulsa en la opción de *Homotecia* (D). Tras activar dicha opción, hay que hacer clic en el polígono y luego en el lugar donde queramos que esté situado el punto *H*, origen de la homotecia. A continuación, surge una ventana en la que introducir la razón de semejanza, *r*, aquí denominada **Factor de escala** (E).

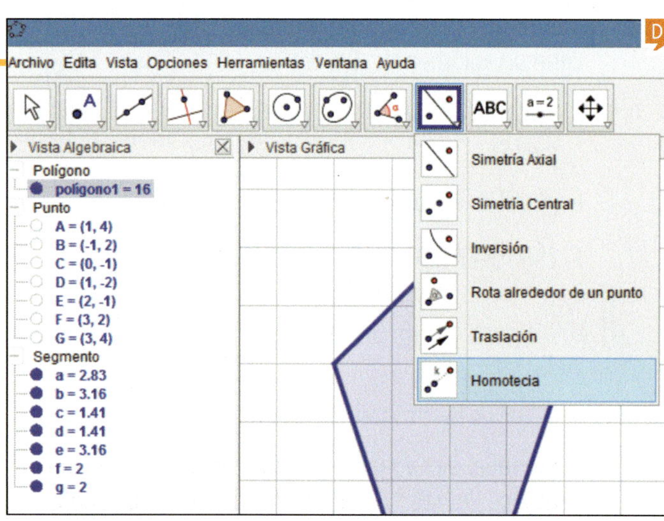

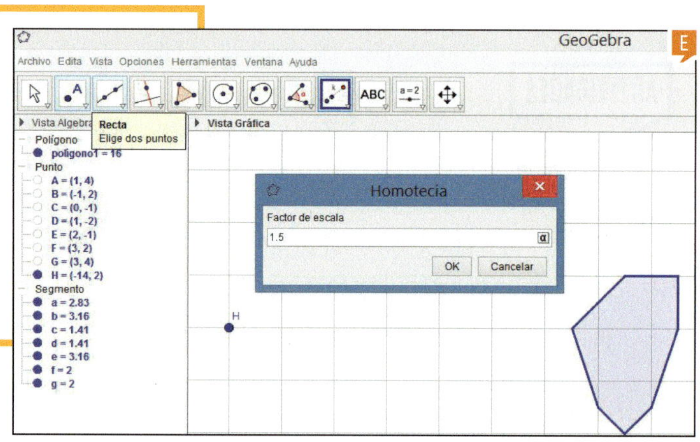

Trazando rectas desde el punto *H* a cada uno de los puntos de las dos figuras, se ve la proyección de una sobre la otra.

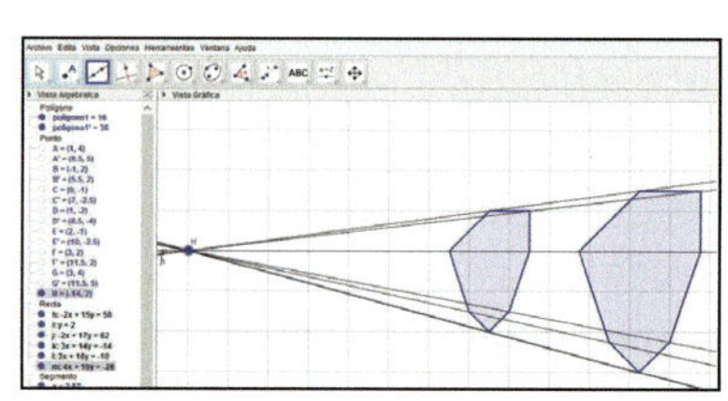

APRENDO A APRENDER

Copia, completa e ilustra en tu cuaderno el siguiente mapa conceptual y después contesta a las preguntas. También lo puedes realizar en el ordenador con el programa **CmapTools.**

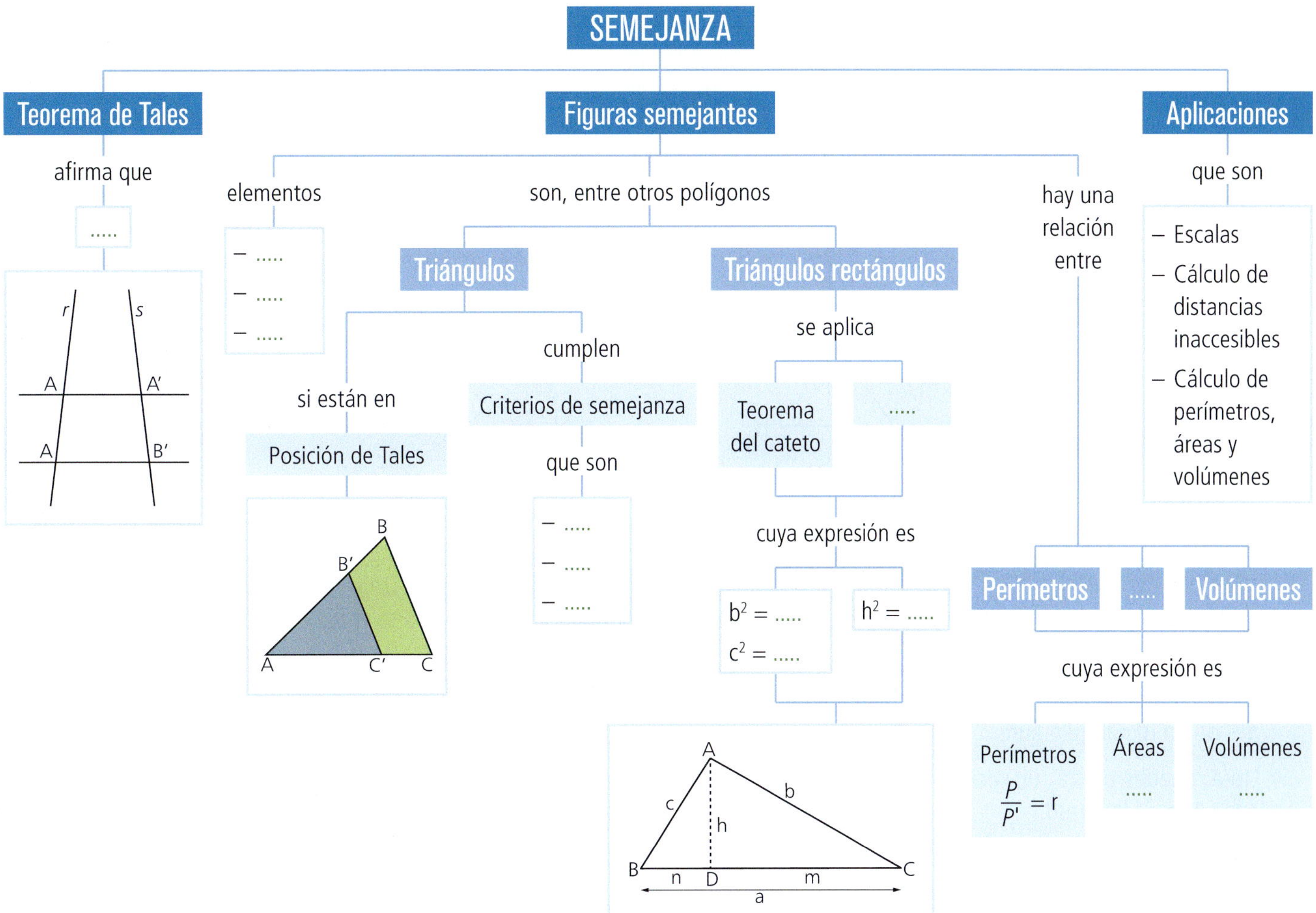

ACTIVIDADES

1 Explica en qué consiste el teorema de Tales.

2 ¿Qué condiciones tienen que darse para que dos figuras sean semejantes?

3 ¿Qué significa que dos triángulos están en posición de Tales? ¿Qué consecuencia tiene que estén en dicha posición?

4 Enuncia el teorema del cateto e indica qué teorema puede ser demostrado a partir de él.

5 Aplica el teorema del cateto para obtener los catetos de un triángulo rectángulo cuyas proyecciones sobre la hipotenusa son de 8 cm y 4,5 cm.

6 Enuncia el teorema de la altura y aplícalo para calcular la altura de un triángulo las proyecciones de cuyos catetos sobre la hipotenusa son de 8 cm y 10 cm.

7 ¿Puede ser un triángulo rectángulo semejante a un triángulo isósceles? ¿Y a un triángulo equilátero?

8 Si una figura es semejante a otra con una razón de semejanza $r = \frac{1}{2}$, ¿cómo es su perímetro? ¿Y su área? ¿Y si la razón de semejanza fuera $r = 2$?

9 Prepara una presentación digital para tus compañeros. Puedes hacer un documento PowerPoint, usar Glogster...

REPASO FINAL

TEOREMA DE TALES

1 Averigua el cuarto proporcional de los siguientes números:

a. 5, 7, 6 b. 12, 8, 4 c. 20, 72, 5 d. 93, 57, 31

2 Construye el cuarto proporcional a los números 5, 8 y 10 utilizando el teorema de Tales.

3 ⊕ Calcula, mediante el teorema de Tales, las medidas que se desconocen de la siguiente figura:

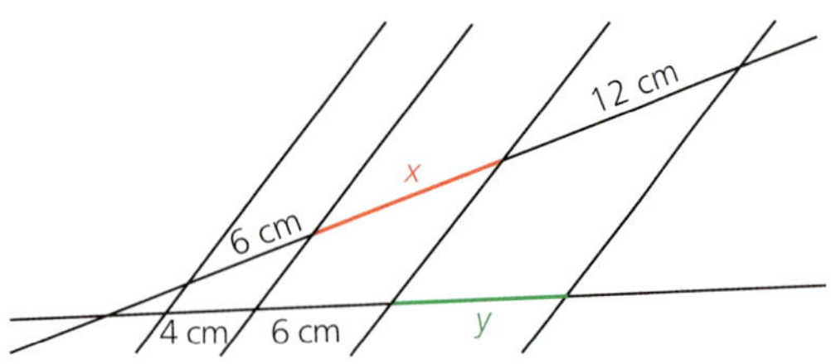

FIGURAS SEMEJANTES

4 ⊕⊕ Es característico de los rectángulos áureos que, si se corta el cuadrado de su lado menor, se obtiene otro rectángulo semejante. ¿Cuál es la razón entre las longitudes de un rectángulo áureo?

Nota: puedes utilizar un rectángulo cuyo lado pequeño mida 1 m de longitud.

5 ⊕ Una ciudad, A, está separada 15 cm en un mapa de otra ciudad, B. Si en la realidad distan entre sí 210 km, ¿cuál es la escala del mapa?

6 La maqueta de un bloque de edificios tiene unas dimensiones de 10 cm × 15 cm × 40 cm. Si dicha maqueta está realizada a escala 1:2 000, ¿cuáles son las dimensiones reales de dicho bloque de edificios?

7 Observa las siguientes fotografías e indica si son semejantes entre sí:

SEMEJANZA DE TRIÁNGULOS

8 Indica si los siguientes pares de triángulos son semejantes y señala el criterio de semejanza de triángulos utilizado:

a. Uno cuyos lados miden 5 cm, 12 cm y 10 cm y otro que tiene lados de 26 cm, 31,2 cm y 13 cm.

b. Uno con ángulos de 62° y 56° y otro con ángulos de 62° y 62°.

c. Uno con un lado de 5 cm y otro de 6 cm que forman un ángulo de 30° y otro con un lado de 16 cm y otro de 19 cm que forman el mismo ángulo.

9 Halla el perímetro y el área de las siguientes figuras:

a.

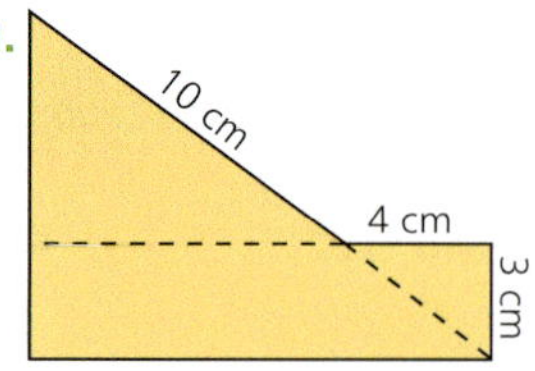

b.

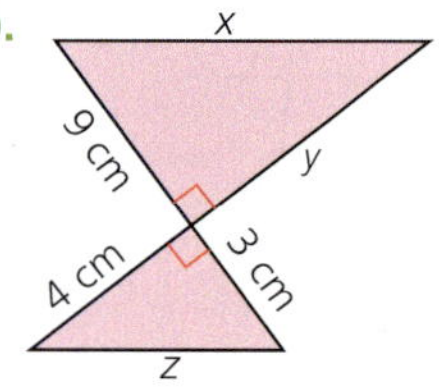

10 ⊕ Ana se sitúa a 1,2 m del borde de la piscina de sus padres, de modo que su visual desde una altura de 0,9 m une el borde de la piscina con la línea del fondo del lado contrario. Si la piscina tiene 4 m de ancho, ¿cuánto tendrá de profundidad?

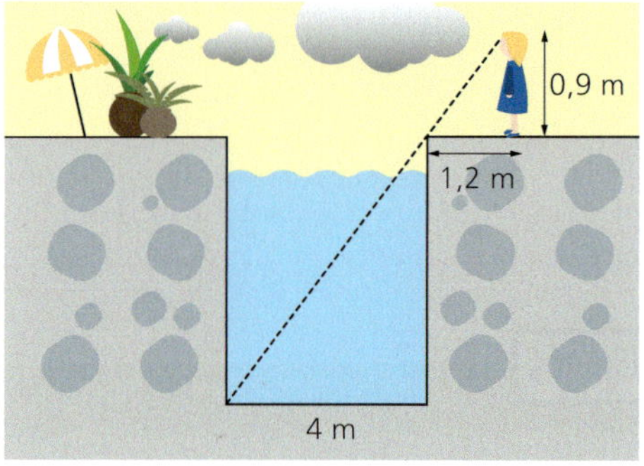

SEMEJANZA DE TRIÁNGULOS RECTÁNGULOS

11 Indica si son semejantes los siguientes triángulos rectángulos:

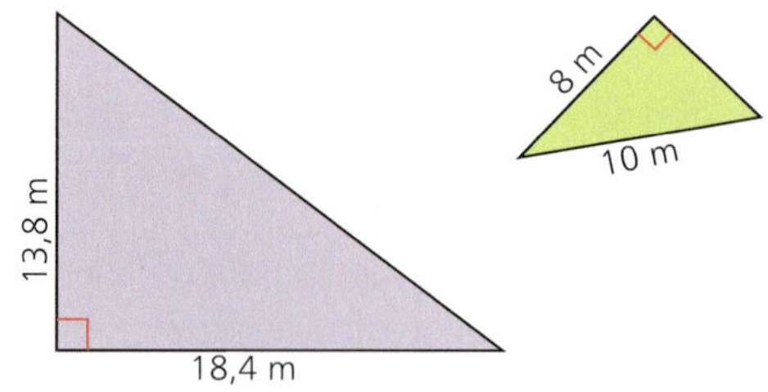

12 ⊕⊕ Fíjate en el triángulo rectángulo y halla los datos que faltan en los siguientes casos:

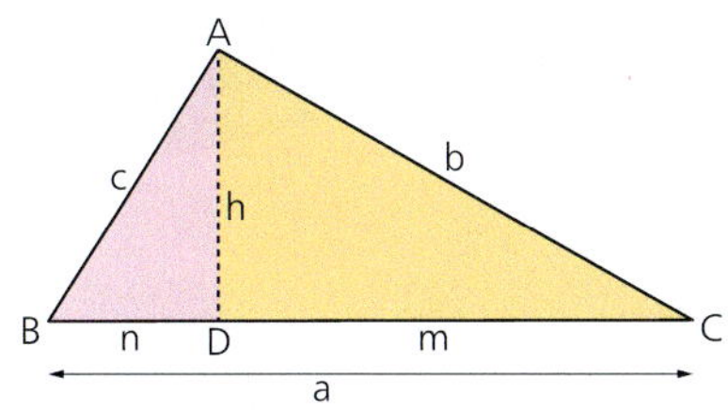

a. Los catetos miden c = 15 cm y b = 20 cm.

b. La hipotenusa mide a = 30 cm, y la proyección de uno de sus catetos, m = 10,8 cm.

c. Un cateto mide c = 10,5 cm, y la proyección de dicho cateto sobre la hipotenusa, m = 6,3 cm.

d. La altura mide h = 5,04 cm, y una de las proyecciones de los catetos, 3,78 cm.

RELACIÓN ENTRE PERÍMETROS, ÁREAS Y VOLÚMENES DE CUERPOS SEMEJANTES

13 ⊕⊕ La siguiente figura es semejante a otra que tiene un área de 474 dm^2:

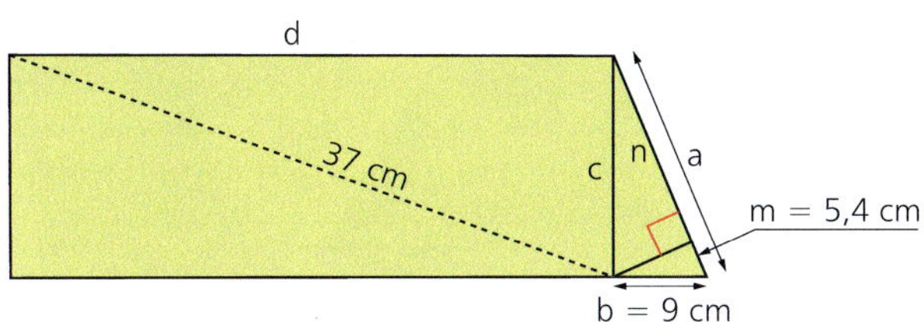

a. ¿Cuál es la razón de semejanza?

b. ¿Cuál sería el perímetro de ambas figuras?

14 Un prisma hexagonal cuya base tiene un área de 60 cm^2 es semejante a otro prisma hexagonal con un volumen de $V = 1\,320$ cm^3.

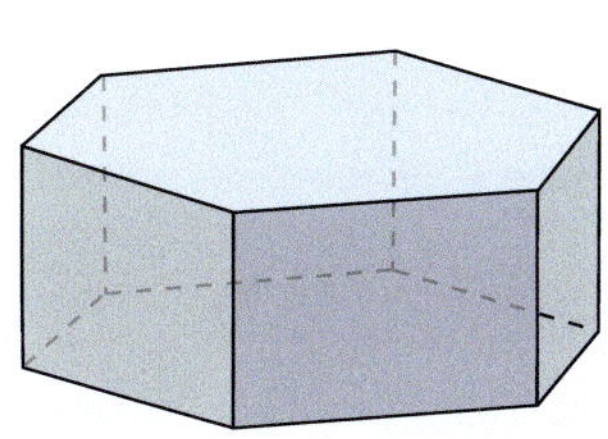

a. Si la razón de semejanza es r = 2, ¿cuál es el área de la base del segundo prisma?

b. ¿Cuál es la altura del segundo prisma?

c. Halla el volumen del primer prisma.

EVALUACIÓN

1 Las medidas que faltan en la siguiente figura son:

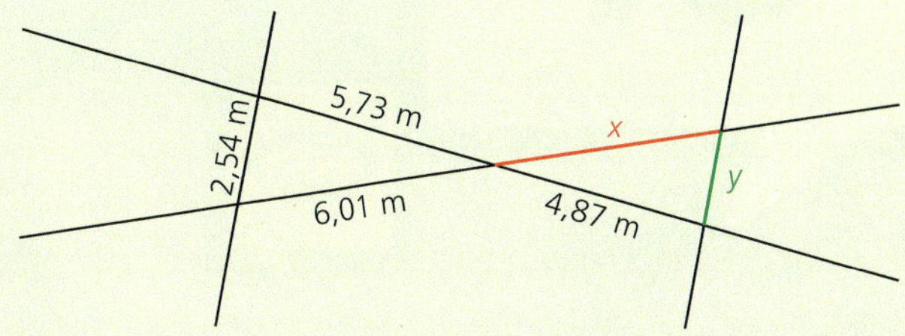

a. $x = 7{,}07$ cm; $y = 2{,}16$ cm
b. $x = 5{,}11$ cm; $y = 11$ cm
c. $x = 7{,}07$ cm; $y = 11$ cm
d. $x = 5{,}11$ cm; $y = 2{,}16$ cm

2 Un triángulo con lados de 8 cm, 15 cm y 17 cm es semejante a otro triángulo que es la mitad de un rectángulo de 22,5 cm de largo. La razón de semejanza es:

a. r = 2 b. r = 3,5 c. r = 1,5 d. r = 2,5

3 Si un árbol de 4,5 m de altura proyecta una sombra de 6 m, la longitud de la sombra que arroja a la misma hora otro árbol que mide 18 m es:

a. 13,5 m b. 24 m c. 1 m d. 10 m

4 Se quiere medir la distancia entre dos acantilados. Considerando las siguientes medidas, dicha distancia es:

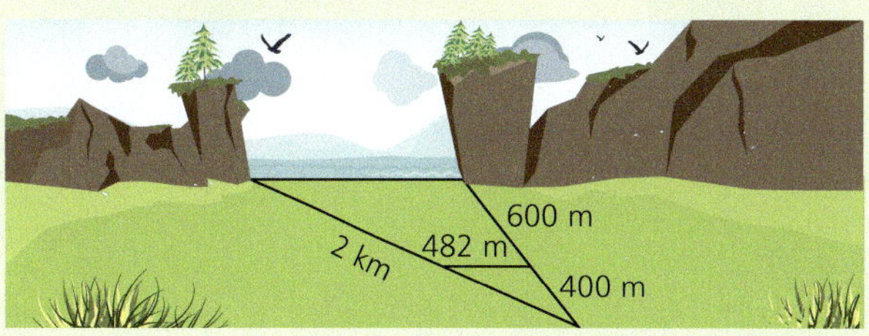

a. 96,4 m b. 124 m c. 1,205 km d. 2,3 km

5 Las proyecciones de los catetos sobre la hipotenusa de un triángulo rectángulo son de 7,2 cm y 12,8 cm, respectivamente. La longitud de la altura sobre la hipotenusa es:

a. 9,6 cm b. 4,8 cm c. 92,16 cm d. 46,08 cm

6 Dos romboides semejantes tienen una razón r = 2,5. Si el primero tiene una base de 4,6 cm y una altura de 3,5 cm, el área del segundo romboide es:

a. 40,25 cm^2
b. 6,44 cm^2
c. 50,312 5 cm^2
d. 100,625 cm^2

DIARIO DE APRENDIZAJE

¿Qué conocimientos previos me han resultado útiles para entender esta unidad?

07 Trigonometría

¿Qué tipo de dificultades preveo que puedo tener en esta unidad a la vista de los contenidos que se van a tratar?

Observa las imágenes y enumera los distintos tipos de triángulos que veas. Exponed luego en clase dicha enumeración y clasifica los triángulos según sus lados y sus ángulos.

01 Medidas de ángulos: el radián

Un **ángulo** es la región de plano limitada por dos semirrectas de origen común llamado **vértice.**

Los sistemas de unidades utilizados para medir ángulos son:

Sistema sexagesimal

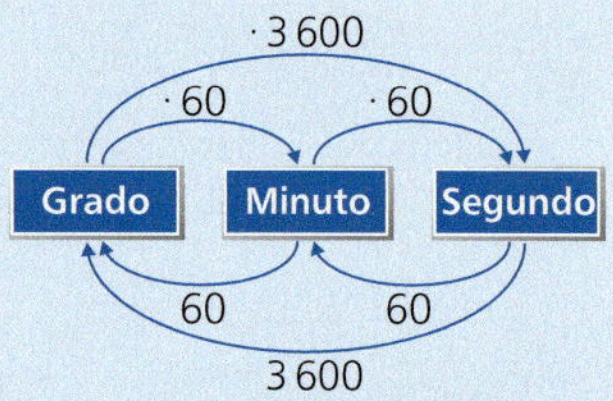

- Es un sistema en base 60; es decir, en él, 60 unidades de un orden equivale a una unidad de orden superior.
- Su unidad es el **grado sexagesimal (°)**, que es la 360-ava parte de una circunferencia.
- Los submúltiplos del grado sexagesimal son los minutos y los segundos.

Sistema circular

- Su unidad es el **radián (rad)**, que es el ángulo cuyo arco es igual al radio de la circunferencia.
- El radián es la unidad de medida de un ángulo plano en el Sistema Internacional de Unidades.

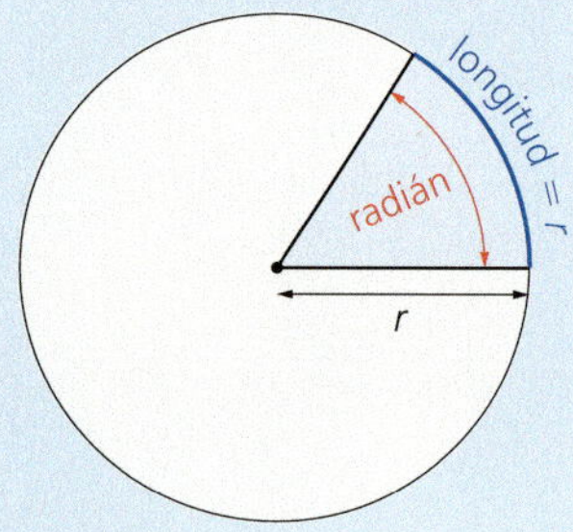

En consecuencia, los ángulos fundamentales miden los siguientes radianes:

- La **longitud de la circunferencia** es $L = 2\pi r$; entonces, una circunferencia tiene 2π rad o 360°.
- El **arco** de un **ángulo llano** es la mitad de la circunferencia, con lo que mide π rad o 180°.
- Un **ángulo recto** es el ángulo que se forma cuando se cortan dos semirrectas perpendiculares, con lo que su arco es la cuarta parte de la circunferencia y mide $\frac{\pi}{2}$ rad o 90°.

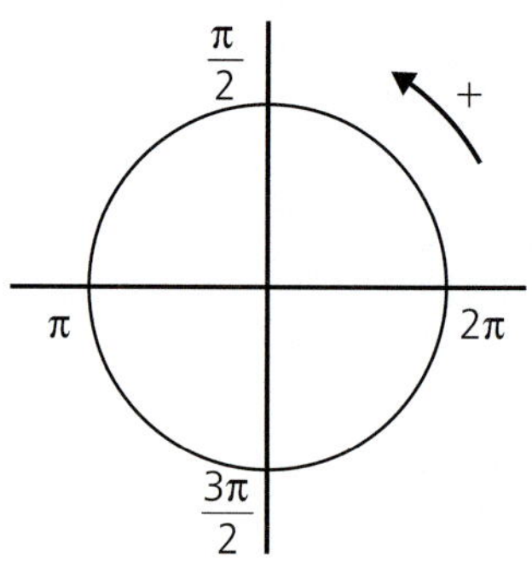

De este modo, para convertir ángulos de grados a radianes, y viceversa, se utiliza la siguiente equivalencia: $180° = \pi$ rad

ACTIVIDAD RESUELTA

Indica cuántos grados equivalen a $\frac{3\pi}{2}$ rad y cuántos radianes equivalen a 60°.

$$\frac{3\pi}{2}\text{ rad} = \frac{3\cancel{\pi}}{2}\cancel{\text{rad}} \cdot \frac{180°}{\cancel{\pi}\ \cancel{\text{rad}}} = 270°$$

$$60° = 60\cancel{°} \cdot \frac{\pi\text{ rad}}{180\cancel{°}} = \frac{\pi}{3}\text{ rad}$$

ACTIVIDADES

1 Indica cuántos grados equivalen a los siguientes radianes:

a. $\frac{2\pi}{5}$ rad **b.** 3,5 rad **c.** $\frac{2\pi}{3}$ rad **d.** 1,5 rad

2 Expresa en radianes estos ángulos:

a. 20° **b.** 135° **c.** 210° **d.** 570°

3 ¿Cuántos grados sexagesimales equivalen a un radián? ¿Cuántos radianes son un grado sexagesimal?

4 ¿Qué es mayor: un grado sexagesimal o un radián?

5 Dos de los ángulos de un triángulo miden 60° y $0{,}2\pi$ rad, respectivamente. Halla el ángulo desconocido e indica la medida de los tres ángulos de este triángulo tanto en grados sexagesimales como en radianes.

6 Investigad en Internet quién fue Hiparco de Nicea y haced una presentación en grupo sobre las aportaciones que realizó en el campo de la trigonometría.

7 Calcula el ángulo interior de un hexágono, en grados y en radianes.

02 Razones trigonométricas de un triángulo rectángulo

A continuación, vamos a estudiar las relaciones existentes entre los ángulos agudos de un triángulo rectángulo.

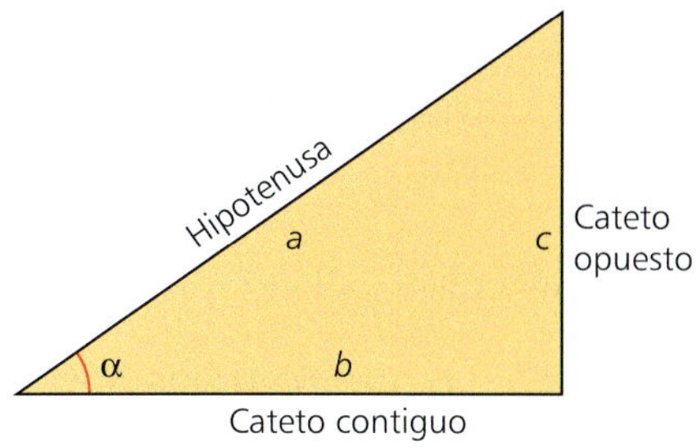

Las **razones trigonométricas** son las relaciones que se establecen entre los ángulos agudos de un triángulo rectángulo, que están comprendidos entre 0° y 90°, y sus lados.

Se definen del siguiente modo:

Seno de un ángulo α

Es el cociente entre el cateto opuesto al ángulo α y la hipotenusa:

$$\text{sen } \alpha = \frac{\text{cateto opuesto}}{\text{hipotenusa}} = \frac{c}{a}$$

Coseno de un ángulo α

Es el cociente entre el cateto contiguo al ángulo α y la hipotenusa:

$$\cos \alpha = \frac{\text{cateto contiguo}}{\text{hipotenusa}} = \frac{b}{a}$$

Tangente de un ángulo α

Es el cociente entre el cateto opuesto al ángulo α y el cateto contiguo a dicho ángulo. La tangente es, por tanto, el cociente entre el seno y el coseno:

$$\text{tg } \alpha = \frac{\text{cateto opuesto}}{\text{cateto contiguo}} = \frac{c}{b}$$

Como los catetos son menores que la hipotenusa, tanto el seno como el coseno son números comprendidos entre 0 y 1, mientras que la tangente puede tomar cualquier valor positivo:

$$0 < \text{sen } \alpha < 1 \qquad 0 < \cos \alpha < 1$$

El seno, el coseno y la tangente tienen **razones inversas** que se denominan, respectivamente, **cosecante, secante** y **cotangente:**

Cosecante de un ángulo α

Es la inversa del seno:

$$\text{cosec } \alpha = \frac{1}{\text{sen } \alpha} = \frac{a}{c}$$

Secante de un ángulo α

Es la inversa del coseno:

$$\sec \alpha = \frac{1}{\cos \alpha} = \frac{a}{b}$$

Cotangente de un ángulo α

Es la inversa de la tangente:

$$\text{cotg } \alpha = \frac{1}{\text{tg } \alpha} = \frac{b}{c}$$

ACTIVIDADES

8 Calcula las razones trigonométricas de los ángulos agudos pertenecientes a los triángulos rectángulos de los que se conocen los siguientes datos:

a. Tiene un cateto contiguo de 10,5 cm y una hipotenusa de 37,5 cm.

b. Tiene un cateto contiguo de 4,5 cm y un cateto opuesto de 20 cm.

c. Tiene un cateto opuesto de 5 cm y una hipotenusa de 7,25 cm.

9 Halla las razones trigonométricas de los ángulos agudos del triángulo rectángulo cuyos catetos miden 5 cm y 12 cm y cuya hipotenusa mide 13 cm.

10 Demuestra, a partir de la figura, que si se construyen otros triángulos semejantes al dado, se deduce que las razones trigonométricas de un ángulo son independientes de las longitudes de sus lados.

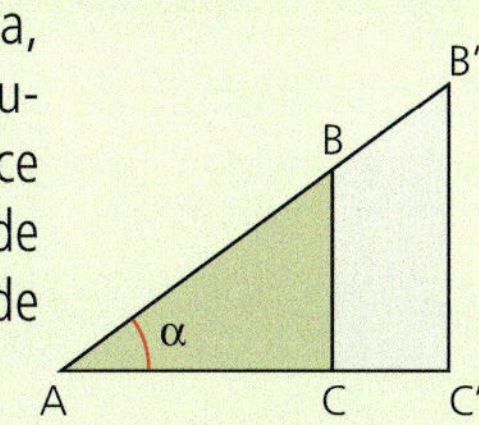

03 Razones trigonométricas de algunos ángulos

Los ángulos de 30°, 45° y 60° son muy utilizados, y sus razones trigonométricas se pueden calcular de forma sencilla.

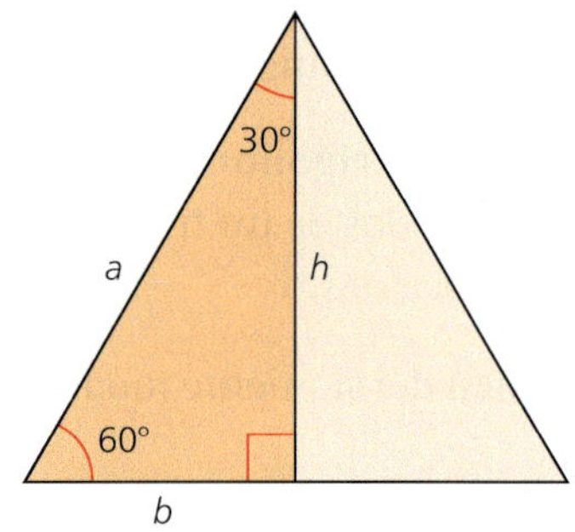

03.1 Razones trigonométricas de los ángulos de 30° y de 60°

Para hallar las razones trigonométricas de los ángulos de 30° y 60°, se parte de un triángulo equilátero, ya que todos sus ángulos miden 60°. Si se divide uno de estos ángulos por una de sus alturas, se obtienen dos triángulos rectángulos de ángulos agudos 30° y 60°, como se indica en la figura del margen.

Se sabe que *b* es la mitad que *a*, y la altura, *h*, se calcula en función de *a* y *b*, utilizando el teorema de Pitágoras:

$$h = \sqrt{a^2 - b^2} = \sqrt{a^2 - \left(\frac{a}{2}\right)^2} = \sqrt{a^2 - \frac{a^2}{4}} = \sqrt{\frac{3a^2}{4}} = \frac{a\sqrt{3}}{2}$$

Finalmente, se hallan las razones trigonométricas a partir de su definición:

Razones trigonométricas de 30°

$$\text{sen } 30° = \frac{b}{a} = \frac{\frac{a}{2}}{a} = \frac{1}{2}$$

$$\text{cosec } 30° = 2$$

$$\cos 30° = \frac{h}{a} = \frac{\frac{a\sqrt{3}}{2}}{a} = \frac{\sqrt{3}}{2}$$

$$\sec 30° = \frac{2\sqrt{3}}{3}$$

$$\text{tg } 30° = \frac{b}{h} = \frac{\frac{a}{2}}{\frac{a\sqrt{3}}{2}} = \frac{1}{\sqrt{3}} = \frac{\sqrt{3}}{3}$$

$$\text{cotg } 30° = \sqrt{3}$$

Razones trigonométricas de 60°

$$\text{sen } 60° = \frac{h}{a} = \frac{\frac{a\sqrt{3}}{2}}{a} = \frac{\sqrt{3}}{2}$$

$$\text{cosec } 60° = \frac{2\sqrt{3}}{3}$$

$$\cos 60° = \frac{b}{a} = \frac{\frac{a}{2}}{a} = \frac{1}{2}$$

$$\sec 60° = 2$$

$$\text{tg } 60° = \frac{h}{b} = \frac{\frac{a\sqrt{3}}{2}}{\frac{a}{2}} = \sqrt{3}$$

$$\text{cotg } 60° = \frac{\sqrt{3}}{3}$$

Relaciones entre las razones trigonométricas de 30° y 60°

$$\text{sen } 30° = \cos 60° = \frac{1}{2}$$

$$\text{cosec } 30° = \sec 60° = 2$$

$$\cos 30° = \text{sen } 60° = \frac{\sqrt{3}}{2}$$

$$\sec 30° = \text{cosec } 60° = \frac{2\sqrt{3}}{3}$$

$$\text{tg } 30° = \text{cotg } 60° = \frac{\sqrt{3}}{3}$$

$$\text{cotg } 30° = \text{tg } 60° = \sqrt{3}$$

ACTIVIDAD RESUELTA

Calcula la altura de un árbol que proyecta una sombra de 2 m cuando los rayos solares inciden en el suelo con un ángulo de 60°.

$\text{tg } 60° = \sqrt{3} = \frac{h}{2} \Rightarrow h = 2\sqrt{3} \approx 3{,}46$ m. La altura del árbol es aproximadamente 3,46 m.

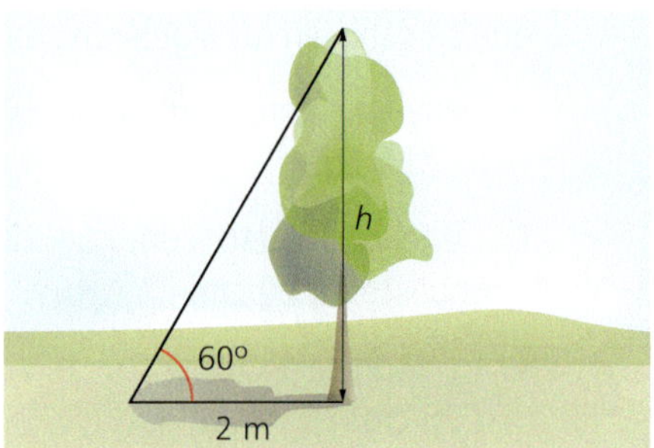

03.2 Razones trigonométricas de un ángulo de 45°

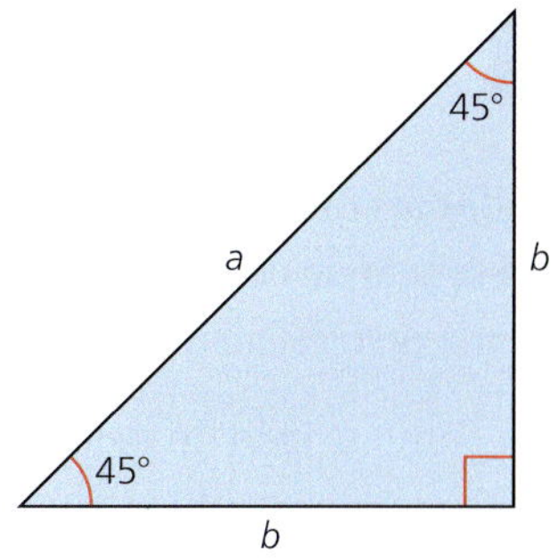

Para calcular las razones trigonométricas de un ángulo de 45°, se parte de un triángulo rectángulo isósceles, ya que sus ángulos agudos son iguales a 45°, como se aprecia en la figura del margen.

Se calcula la hipotenusa en función de los catetos, utilizando el teorema de Pitágoras:

$$a = \sqrt{b^2 + b^2} = \sqrt{2b^2} = b\sqrt{2}$$

Se hallan las razones trigonométricas a partir de su definición:

Razones trigonométricas de 45°

$$\text{sen } 45° = \frac{b}{a} = \frac{b}{b\sqrt{2}} = \frac{1}{\sqrt{2}} = \frac{\sqrt{2}}{2}$$

$$\cos 45° = \frac{b}{a} = \frac{b}{b\sqrt{2}} = \frac{1}{\sqrt{2}} = \frac{\sqrt{2}}{2}$$

$$\text{tg } 45° = \frac{b}{b} = 1$$

ACTIVIDAD RESUELTA

Calcula la altura a la que está apoyada una escalera si mide 3 m y forma un ángulo de 45° con respecto al suelo. ¿A qué distancia está la pared del pie de la escalera?

$$\text{sen } 45° = \frac{\sqrt{2}}{2} = \frac{h}{3} \Rightarrow h = \frac{3\sqrt{2}}{2} \approx 2{,}12 \Rightarrow h = 2{,}12 \text{ m}$$

$$\cos 45° = \frac{\sqrt{2}}{2} = \frac{b}{3} \Rightarrow b = \frac{3\sqrt{2}}{2} \approx 2{,}12 \Rightarrow b = 2{,}12 \text{ m}$$

Es decir, la escalera está apoyada a una altura de 2,12 m, y su pie dista 2,12 m de la pared.

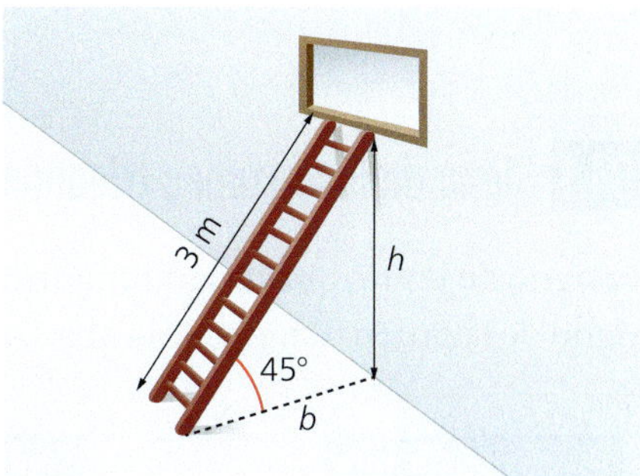

ACTIVIDADES

11 Copia y completa la siguiente tabla en tu cuaderno y en grupo, buscad alguna regla nemotécnica que os permita recordarla.

Ángulo	Seno	Coseno	Tangente
			$\frac{\sqrt{3}}{3}$
	$\frac{\sqrt{2}}{2}$		
		$\frac{1}{2}$	

12 Un cuadrado tiene 6 cm de lado. Halla la diagonal de dicho cuadrado aplicando las razones trigonométricas; mientras tanto, tu compañero lo averiguará con ayuda del teorema de Pitágoras. Finalmente, comprobad que los resultados coinciden.

13 Un globo aerostático está sujeto con una cuerda tensada de 100 m. ¿A qué altura del suelo se encontraría el globo si la cuerda formara un ángulo de 30° con la horizontal del suelo? ¿Y si el ángulo fuera de 45°? ¿Y de 60°?

14 Halla el valor de las siguientes expresiones:

a. sen 60° + cos 45° + tg 30° + sec 45°

b. cos 45° · sen 30° + tg 30° · cotg 30°

15 Uno de los catetos de un triángulo rectángulo mide 4,5 cm, y la hipotenusa, 9 cm.

a. ¿Cuánto miden los ángulos agudos de dicho triángulo?

b. Calcula el valor del otro cateto a partir de las razones trigonométricas del triángulo.

04 Razones trigonométricas de un ángulo cualquiera

Para hallar las razones trigonométricas de un ángulo cualquiera, se emplea una circunferencia de centro 0 y radio 1, **circunferencia goniométrica,** situada en un sistema de ejes cartesianos que divide el plano en cuatro cuadrantes.

Se toma como origen de medida de ángulos el semieje positivo de abscisas y se considera como sentido positivo el sentido contrario al de las agujas del reloj.

Situamos sobre la circunferencia goniométrica un punto cualquiera, P (x, y). Las razones trigonométricas del ángulo α comprendido entre el semieje positivo de abscisas y el segmento $\overline{OP}$ se definen como:

$$\text{sen } \alpha = \frac{\text{ordenada}}{\text{radio}} = \frac{y}{1} = y \qquad \cos \alpha = \frac{\text{abscisa}}{\text{radio}} = \frac{x}{1} = x \qquad \text{tg } \alpha = \frac{\text{ordenada}}{\text{abscisa}} = \frac{y}{x}$$

Es decir, el seno coincide con la ordenada del punto; el coseno, con la abscisa, y la tangente, con el cociente entre la ordenada y la abscisa.

Como el radio de la circunferencia goniométrica es 1, los valores máximo y mínimo, respectivamente, para el seno y el coseno son 1 y –1.

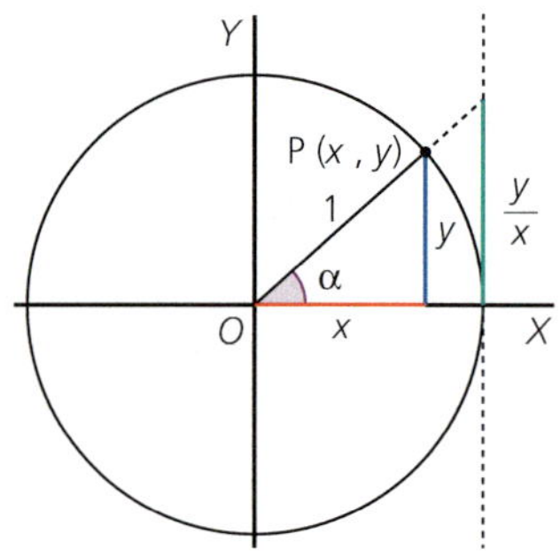

04.1 Signo de las razones trigonométricas según el cuadrante

El signo de las razones trigonométricas en los distintos cuadrantes depende del signo de la ordenada, *y,* y de la abscisa, *x,* del ángulo que estemos considerando.

Primer cuadrante $0° < \alpha < 90°$

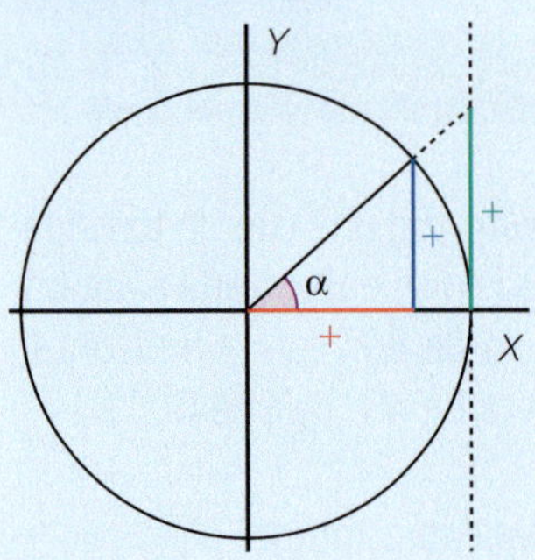

Segundo cuadrante $90° < \alpha < 180°$

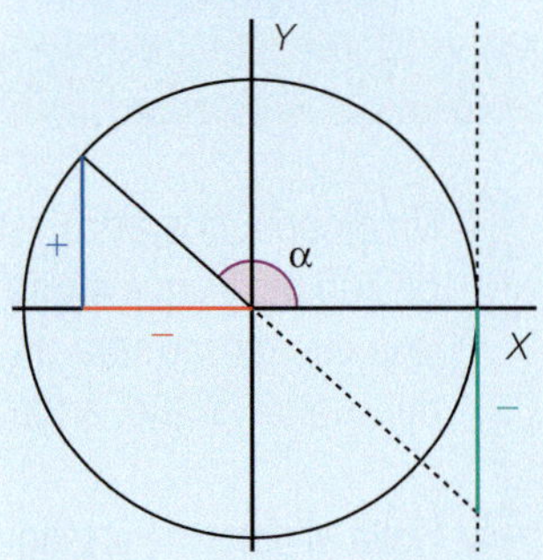

Tercer cuadrante $180° < \alpha < 270°$

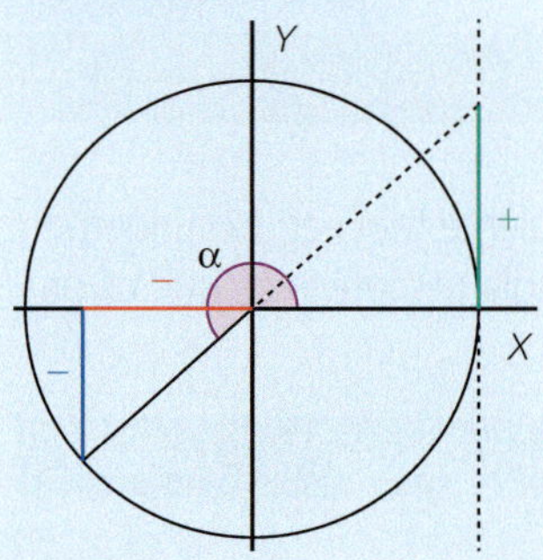

Cuarto cuadrante $270° < \alpha < 360°$

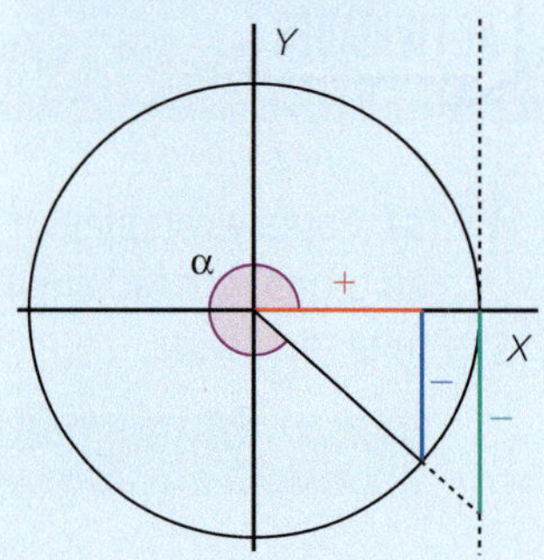

Resumiendo, los signos de las razones trigonométricas, según el cuadrante en el que se encuentre el ángulo, son los siguientes:

	1.er cuadrante	2.º cuadrante	3.er cuadrante	4.º cuadrante
Seno	+	+	–	–
Coseno	+	–	–	+
Tangente	+	–	+	–

04.2 Razones trigonométricas de los ángulos que coinciden con los ejes

Las razones trigonométricas de los ángulos que coinciden con los ejes, se hallan aplicando el mismo razonamiento que en el caso de un ángulo cualquiera. De este modo:

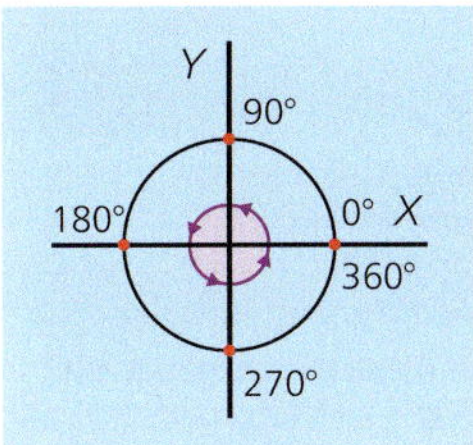

Ángulos	Seno	Coseno	Tangente
0° = 360°	0	1	0
90°	1	0	No existe
180°	0	–1	0
270°	–1	0	No existe

ACTIVIDADES

16 Indica los signos que tendrán las razones trigonométricas de los ángulos propuestos, señalando también en qué cuadrante se sitúan.

a. 198° c. 45° e. 95° g. 5 rad

b. $\frac{2\pi}{3}$ rad d. 294° f. $\frac{\pi}{5}$ rad h. $\frac{5\pi}{4}$ rad

17 Identifica en qué cuadrante se encuentra cada uno de estos ángulos:

a. $\text{sen}\ \alpha = 0{,}8$ y $\cos \alpha = 0{,}6$

b. $\text{sen}\ \alpha = -0{,}91$ y $\text{tg}\ \alpha = 2{,}14$

c. $\cos \alpha = -0{,}94$ y $\text{tg}\ \alpha = 0{,}36$

d. $\text{sen}\ \alpha = -0{,}9$ y $\text{tg}\ \alpha = -2{,}1$

ACTIVIDAD RESUELTA

18 Representa gráficamente un ángulo de 100° y halla sus razones trigonométricas.

Sobre un papel milimetrado, se dibuja una circunferencia que tenga por radio la unidad, de modo que su centro se encuentre en el origen de coordenadas. Con un transportador de ángulos se traza un ángulo de 100°. Con la regla se mide el seno y el coseno de dicho ángulo.

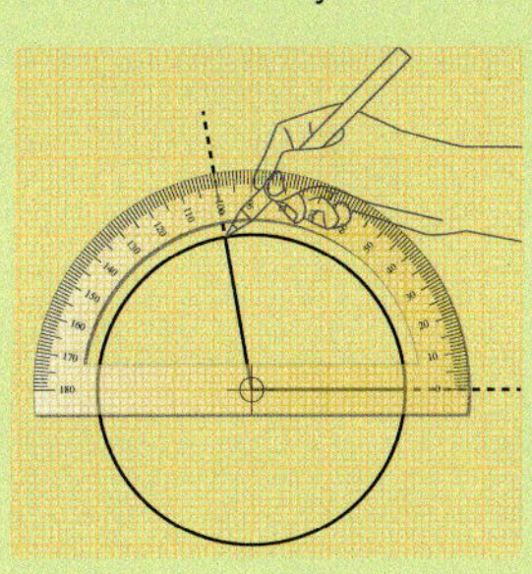

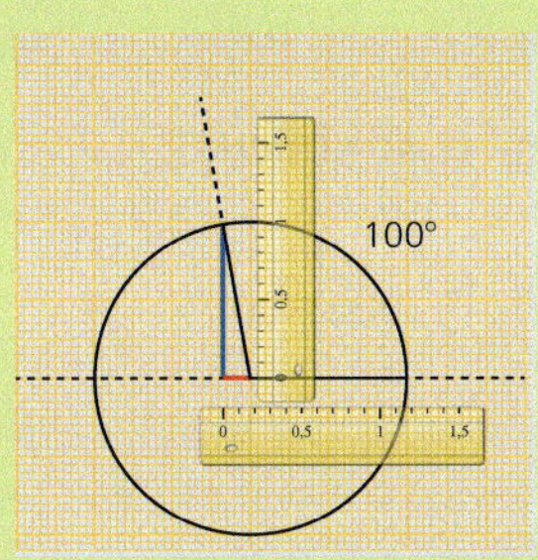

19 Representa gráficamente estos ángulos en un papel milimetrado y halla sus razones trigonométricas:

a. 48° b. 300° c. 210° d. 130°

20 Construye dos circunferencias concéntricas, una de 2 cm de radio y otra de 5 cm de radio. Dibuja un ángulo de 40° en cada una de ellas y determina sus razones trigonométricas. ¿Qué es lo que ocurre? ¿Qué teorema explica esta situación?

21 ¿Por qué no existe la tangente de 90°? ¿Ocurre lo mismo en el caso del ángulo de 270°?

22 Los siguientes dibujos se corresponden con los signos de las razones trigonométricas del seno, el coseno y la tangente, según el cuadrante en el que se encuentre el ángulo. Identifica cada dibujo con su razón trigonométrica e indica el que no corresponde a ninguna de ellas.

a.
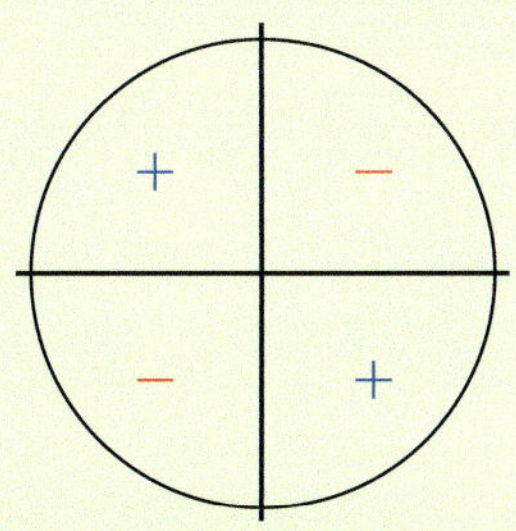

b.
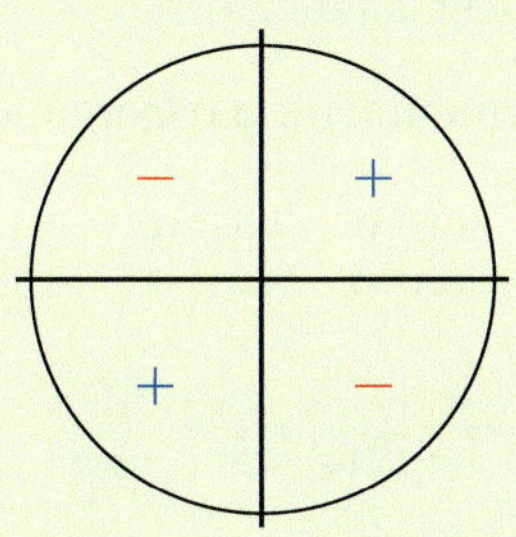

c.
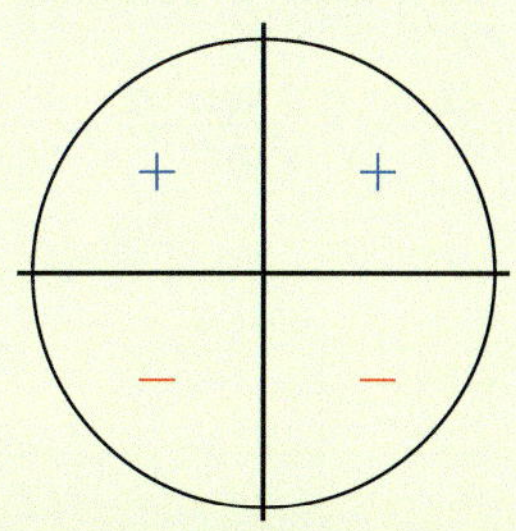

d.
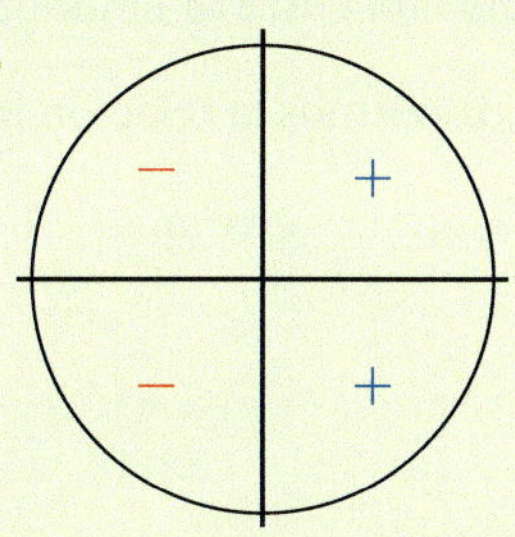

05 Relaciones entre las razones trigonométricas

Las razones trigonométricas están relacionadas entre sí de modo que, conociendo una de ellas, se pueden calcular las demás.

A continuación, consideramos el triángulo rectángulo del margen y enunciamos las diversas relaciones existentes entre las distintas razones trigonométricas.

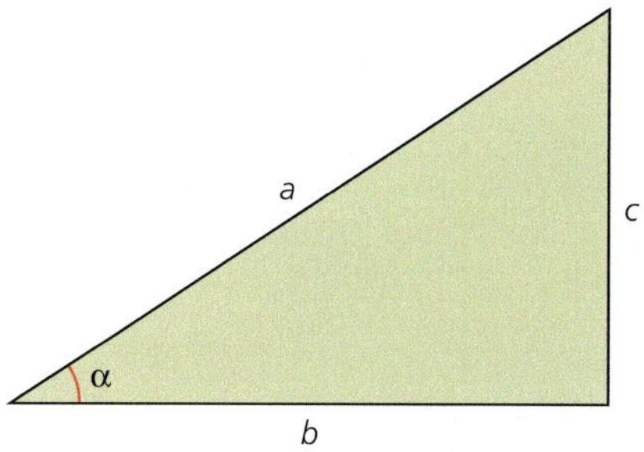

Relación entre la tangente, el seno y el coseno

Dado el triángulo rectángulo, se observa que:

$$\left.\begin{array}{l} \operatorname{tg}\alpha = \dfrac{c}{b} \\[2ex] \dfrac{\operatorname{sen}\alpha}{\cos\alpha} = \dfrac{\frac{c}{a}}{\frac{b}{a}} = \dfrac{c}{b} \end{array}\right\} \Rightarrow \operatorname{tg}\alpha = \frac{\operatorname{sen}\alpha}{\cos\alpha}$$

$$\operatorname{tg}\alpha = \frac{\operatorname{sen}\alpha}{\cos\alpha}$$

Relación fundamental de la trigonometría

Se consideran las definiciones de seno y coseno a partir del triángulo rectángulo, $\operatorname{sen}\alpha = \frac{c}{a}$ y $\cos\alpha = \frac{b}{a}$, así como el teorema de Pitágoras, $a^2 = b^2 + c^2$:

$$\operatorname{sen}^2\alpha + \cos^2\alpha = \left(\frac{c}{a}\right)^2 + \left(\frac{b}{a}\right)^2 = \frac{c^2}{a^2} + \frac{b^2}{a^2} = \frac{c^2 + b^2}{a^2} = \frac{a^2}{a^2} = 1$$

$$\operatorname{sen}^2\alpha + \cos^2\alpha = 1$$

Relación entre la tangente y el coseno

Si dividimos la relación fundamental de la trigonometría entre $\cos^2\alpha$, resulta:

$$\frac{\cos^2\alpha + \operatorname{sen}^2\alpha}{\cos^2\alpha} = \frac{1}{\cos^2\alpha} \Rightarrow \frac{\cos^2\alpha}{\cos^2\alpha} + \frac{\operatorname{sen}^2\alpha}{\cos^2\alpha} = \frac{1}{\cos^2\alpha} \Rightarrow 1 + \operatorname{tg}^2\alpha = \frac{1}{\cos^2\alpha}$$

$$1 + \operatorname{tg}^2\alpha = \frac{1}{\cos^2\alpha}$$

Observa

$\operatorname{sen}^2\alpha = (\operatorname{sen}\alpha)^2$

$\cos^2\alpha = (\cos\alpha)^2$

$\operatorname{tg}^2\alpha = (\operatorname{tg}\alpha)^2$

Relación entre la cotangente y el seno

Si dividimos la relación fundamental de la trigonometría entre $\operatorname{sen}^2\alpha$, se obtiene:

$$\frac{\operatorname{sen}^2\alpha + \cos^2\alpha}{\operatorname{sen}^2\alpha} = \frac{1}{\operatorname{sen}^2\alpha} \Rightarrow \frac{\operatorname{sen}^2\alpha}{\operatorname{sen}^2\alpha} + \frac{\cos^2\alpha}{\operatorname{sen}^2\alpha} = \frac{1}{\operatorname{sen}^2\alpha} \Rightarrow 1 + \operatorname{cotg}^2\alpha = \frac{1}{\operatorname{sen}^2\alpha}$$

$$1 + \operatorname{cotg}^2\alpha = \frac{1}{\operatorname{sen}^2\alpha}$$

ACTIVIDAD RESUELTA

Calcula las razones trigonométricas del ángulo α, situado en el primer cuadrante, sabiendo que $\cos \alpha = 0{,}6$.

Aplicamos las relaciones anteriores para calcular las razones trigonométricas pedidas.

A partir de la razón fundamental de trigonometría, se tiene que:

$$\cos^2 \alpha + \text{sen}^2 \alpha = 1 \Rightarrow (0{,}6)^2 + \text{sen}^2 \alpha = 1$$

$$0{,}36 + \text{sen}^2 \alpha = 1 \Rightarrow \text{sen}^2 \alpha = 1 - 0{,}36$$

$$\text{sen}^2 \alpha = 0{,}64 \Rightarrow \text{sen}\, \alpha = \pm\sqrt{0{,}64} = \pm\, 0{,}8$$

Como el ángulo α se encuentra en el primer cuadrante, el signo del seno es positivo. Por lo tanto, $\text{sen}\, \alpha = +0{,}8$.

Teniendo en cuenta la relación entre el seno, el coseno y la tangente de un ángulo:

$$\text{tg}\, \alpha = \frac{\text{sen}\, \alpha}{\cos \alpha} = \frac{0{,}8}{0{,}6} = 1{,}33$$

ACTIVIDADES

23 Calcula las razones trigonométricas que faltan en los siguientes ángulos, sabiendo que son menores de 90°:

a. $\text{sen}\, \alpha = 0{,}71$ **d.** $\cos \alpha = \frac{2}{3}$ **g.** $\text{tg}\, \alpha = 0{,}61$

b. $\text{tg}\, \alpha = 2{,}52$ **e.** $\text{sen}\, \alpha = 0{,}18$ **h.** $\text{sen}\, \alpha = \frac{\sqrt{2}}{5}$

c. $\cos \alpha = \frac{2}{5}$ **f.** $\cos \alpha = 0{,}2$ **i.** $\text{tg}\, \alpha = \sqrt{5}$

24 Calcula el seno, el coseno y la tangente del ángulo α, que cumple las siguientes condiciones:

a. $\text{cotg}\, \alpha = \frac{1}{2}$, con $180° < \alpha < 270°$

b. $\sec \alpha = -\frac{5}{4}$, con $90° < \alpha < 180°$

c. $\text{cosec}\, \alpha = -\frac{5\sqrt{3}}{3}$, con $270° < \alpha < 360°$

d. $\text{cotg}\, \alpha = \frac{4}{3}$, con $180° < \alpha < 270°$

e. $\text{cosec}\, \alpha = \frac{7}{2}$, con $0° < \alpha < 90°$

f. $\sec \alpha = \frac{7}{3}$, con $270° < \alpha < 360°$

g. $\text{cotg}\, \alpha = \frac{\sqrt{3}}{3}$, con $180° < \alpha < 270°$

h. $\text{cosec}\, \alpha = \frac{5}{3}$, con $90° < \alpha < 180°$

25 Estudia si existen ángulos menores de 90° que cumplan las siguientes condiciones y, si es así, calcula las razones que faltan:

a. Ángulo α cuyo coseno sea 0,3 y cuyo seno sea el doble que el coseno.

b. Ángulo α en el que el seno sea el doble que la tangente.

c. Ángulo α en el que la tangente sea 0,5 y el coseno sea el doble que el seno.

d. Ángulo α en el que el seno sea 0,48 y su coseno sea 0,95.

26 Aplicando las relaciones entre las razones trigonométricas, comprueba si las siguientes expresiones son o no ciertas:

a. $\frac{1}{\sec^2 \alpha} = \text{sen}^2 \alpha \cdot \cos^2 \alpha$

b. $\text{tg}\, \alpha + \text{cotg}\, \alpha = \sec \alpha \cdot \text{cosec}\, \alpha$

c. $\text{cotg}\, \alpha \cdot \sec \alpha = \text{cosec}\, \alpha$

d. $\frac{1}{\text{sen}^2 \alpha} + \frac{1}{\cos^2 \alpha} = \frac{1}{\text{sen}^2 \alpha \cdot \cos^2 \alpha}$

e. $\text{tg}\, \alpha \cdot \text{cosec}\, \alpha = \text{sen}\, \alpha$

f. $\frac{1}{1 + \text{cotg}^2 \alpha} = \cos^2 \alpha$

g. $\frac{1}{1 + \frac{1}{\text{tg}^2 \alpha}} = \text{sen}^2 \alpha$

06 Reducción de las razones trigonométricas al primer cuadrante

Dado un ángulo cualquiera comprendido entre 90° y 360°, existe un ángulo en el primer cuadrante cuyas razones trigonométricas son iguales, en valor absoluto, a las del ángulo dado.

06.1 Reducción del segundo cuadrante al primero. Ángulos suplementarios

Un ángulo del segundo cuadrante es suplementario de su ángulo reducido del primer cuadrante.

El seno de un ángulo del segundo cuadrante coincide con el de su suplementario del primer cuadrante, y tanto el coseno como, en consecuencia, la tangente son opuestos a los de su suplementario:

$$\text{sen}\,(180° - \alpha) = \text{sen}\,\alpha$$
$$\cos\,(180° - \alpha) = -\cos\,\alpha$$
$$\text{tg}\,(180° - \alpha) = -\text{tg}\,\alpha$$

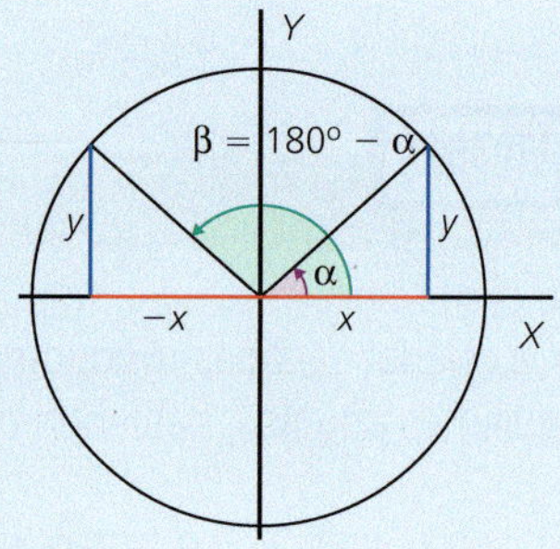

06.2 Reducción del tercer cuadrante al primero. Ángulos que difieren en 180°

Un ángulo del tercer cuadrante y su ángulo reducido del primer cuadrante difieren en 180°.

Tanto el coseno como el seno de un ángulo del tercer cuadrante son opuestos a los del ángulo correspondiente del primer cuadrante, mientras que la tangente coincide en ambos ángulos:

$$\text{sen}\,(180° + \alpha) = -\text{sen}\,\alpha$$
$$\cos\,(180° + \alpha) = -\cos\,\alpha$$
$$\text{tg}\,(180° + \alpha) = \text{tg}\,\alpha$$

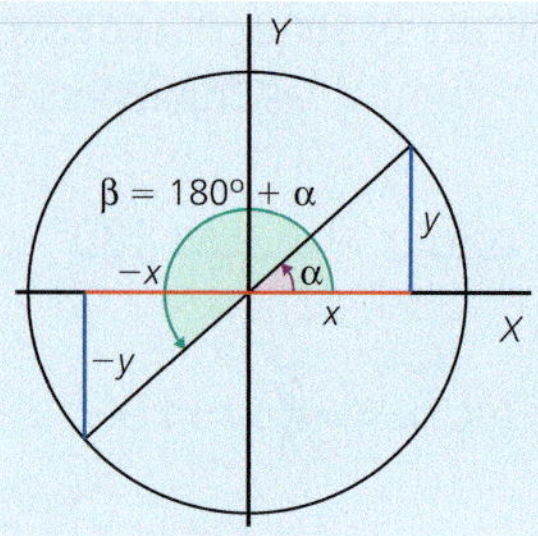

06.3 Reducción del cuarto cuadrante al primero. Ángulos opuestos

Un ángulo del cuarto cuadrante es opuesto al ángulo correspondiente del primer cuadrante.

El seno y la tangente de un ángulo del cuarto cuadrante son opuestos al ángulo correspondiente del primer cuadrante; el coseno, por su parte, coincide en ambos ángulos:

$$\text{sen}\,(-\alpha) = -\text{sen}\,\alpha$$
$$\cos\,(-\alpha) = \cos\,\alpha$$
$$\text{tg}\,(-\alpha) = -\text{tg}\,\alpha$$

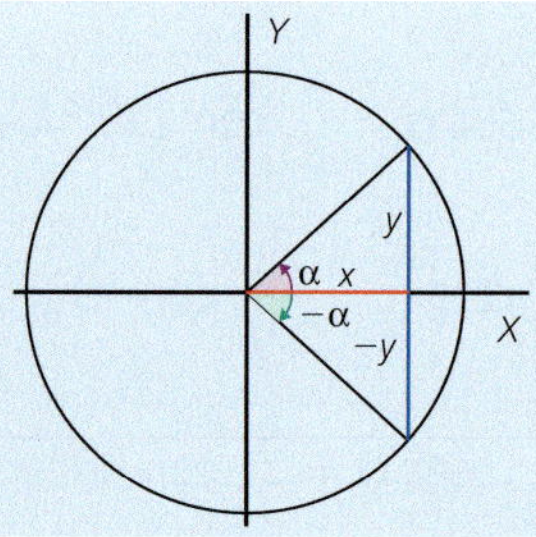

06.4 Ángulos complementarios

Dos ángulos son complementarios cuando suman 90°.

En la figura puede verse que las razones trigonométricas de los ángulos complementarios son las siguientes:

$$\text{sen}\,(90° - \alpha) = \cos \alpha$$
$$\cos\,(90° - \alpha) = \text{sen}\,\alpha$$
$$\text{tg}\,(90° - \alpha) = \frac{1}{\text{tg}\,\alpha}$$

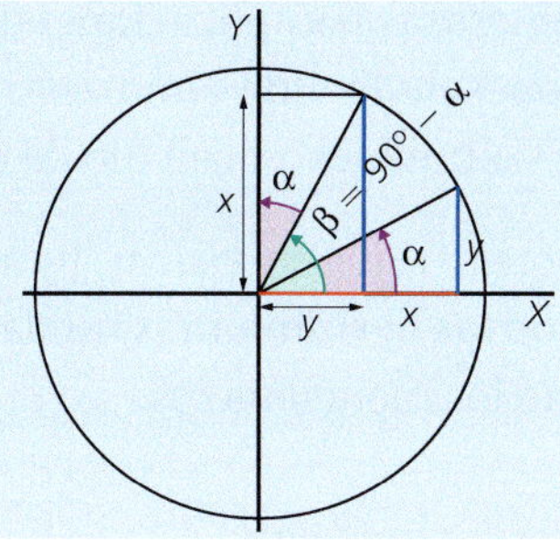

06.5 Ángulos mayores de 360°

Si el ángulo es mayor de 360°, se puede reducir a un ángulo comprendido entre 0° y 360°. Para ello, se divide el ángulo entre 360 (sin realizar ninguna simplificación), de modo que el cociente es el número de vueltas que da el ángulo en cuestión, y el resto, el ángulo simplificado.

Por ejemplo, el ángulo 890°, es equivalente al ángulo 170°, que está en el segundo cuadrante.

Observa

890 | 360
170 | 2 ⟶ vueltas
↓
ángulo

ACTIVIDADES

27 Reduce al primer cuadrante las siguientes razones trigonométricas:

a. sen 135° d. tg 300° g. cos 210°
b. tg 150° e. cos 225° h. sen 120°
c. cos 315° f. sen 330° i. tg 240°

28 Sabiendo que α es un ángulo del tercer cuadrante y que su coseno vale −0,8, indica el valor de las siguientes razones trigonométricas:

a. sen α c. cos (180° − α) e. cos (−α)
b. tg α d. cos (180° + α) f. tg (180° + α)

29 Si tg $\alpha = \sqrt{15}$ y $0° < \alpha < 90°$, contesta a las siguientes preguntas:

a. ¿Cuáles son el seno y el coseno del ángulo α?

b. Halla las razones trigonométricas de su ángulo complementario, su ángulo suplementario y su ángulo opuesto.

30 Si sen $\alpha = -0{,}2$, ¿en qué cuadrante o cuadrantes se puede encontrar dicho ángulo α?

31 Con respecto a la actividad anterior, considera tú uno de los cuadrantes posibles y tu compañero el otro y calculad las siguientes razones trigonométricas:

a. cos α c. sen (180° − α) e. sen (−α)
b. tg α d. tg (180° + α) f. cos (−α)

32 Copia y completa en tu cuaderno la siguiente tabla, considerando que tg α = 2 y luego que tg α = 3, y teniendo en cuenta que α es un ángulo del primer cuadrante:

	tg α = 2	tg α = 3
sen α		
cos α		
sen (180° + α)		
cos (180° − α)		
tg (90° − α)		
sen (−α)		
cos (90° − α)		

07 Aplicaciones de la trigonometría

Son numerosas las aplicaciones de la trigonometría que nos ayudan a resolver situaciones de la vida cotidiana, como el cálculo de longitudes en polígonos, áreas y volúmenes, el cálculo de distancias y alturas inaccesibles, etc.

Las razones trigonométricas, junto con el teorema de Pitágoras y el teorema de Tales, son las herramientas fundamentales que se utilizan para efectuar cálculos como los mencionados.

> **Teodolito**
>
> Instrumento de medida utilizado principalmente para mediciones de ángulos.

ACTIVIDAD RESUELTA

Halla el área de un romboide cuyos lados miden 2 cm y 4 cm y cuyos ángulos agudos valen 30°.

El área de un romboide es: $A = b \cdot h$

Para hallar la altura, h, se calcula el seno de 30°, que sabemos que es $\frac{1}{2}$:

$$\left.\begin{array}{l} \text{sen } 30° = \frac{h}{2} \\ \text{sen } 30° = \frac{1}{2} \end{array}\right\} \Rightarrow \frac{h}{2} = \frac{1}{2} \Rightarrow h = 1 \Rightarrow h = 1 \text{ cm}$$

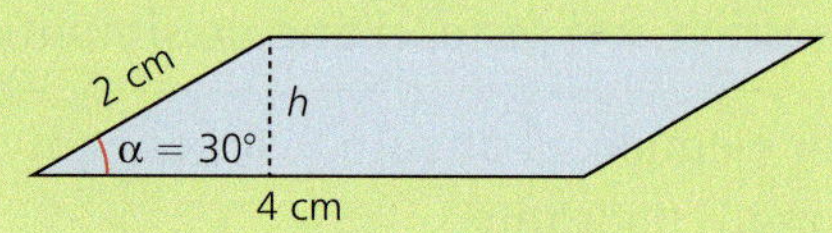

De este modo, el área de este romboide es: $A = b \cdot h = 4 \cdot 1 = 4 \Rightarrow A = 4 \text{ cm}^2$

ACTIVIDAD RESUELTA

Calcula el perímetro del siguiente triángulo isósceles y, a continuación, su área.

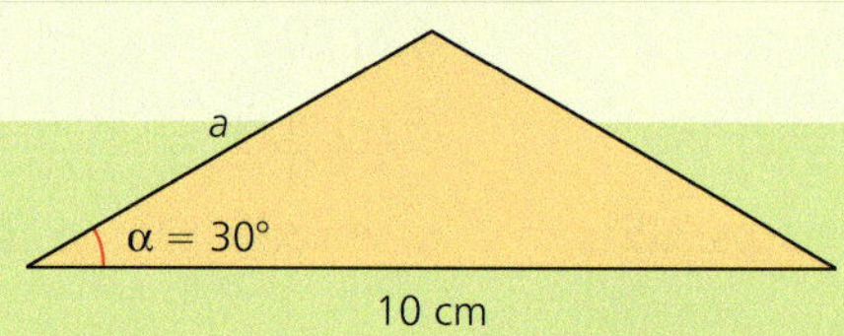

Para calcular el perímetro, es preciso conocer el lado a.

Se traza la altura del triángulo sobre su base, de manera que el triángulo isósceles queda dividido en dos triángulos rectángulos.

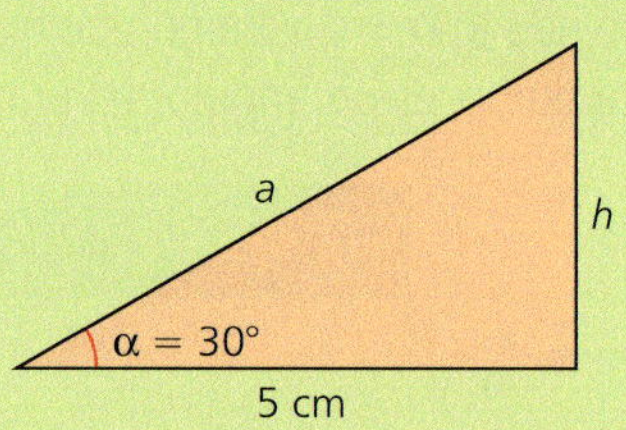

Se considera uno de estos triángulos rectángulos y se calcula el lado a a partir del coseno de 30°, que es $\frac{\sqrt{3}}{2}$:

$$\left.\begin{array}{l} \cos 30° = \frac{\sqrt{3}}{2} \\ \cos 30° = \frac{5}{a} \end{array}\right\} \Rightarrow \frac{5}{a} = \frac{\sqrt{3}}{2} \Rightarrow a = \frac{10}{\sqrt{3}} = \frac{10\sqrt{3}}{3} \Rightarrow a = \frac{10\sqrt{3}}{3} \text{ cm}$$

Por tanto, el perímetro es: $P = 2 \cdot \frac{10\sqrt{3}}{3} + 10 = \frac{20\sqrt{3} + 30}{3} \approx$
$\approx 21{,}55 \Rightarrow P = 21{,}55$ cm

Para calcular el área, hay que conocer la altura, h. Esto se puede realizar de dos formas:

1.ª Mediante el teorema de Pitágoras.

$$h = \sqrt{a^2 - 5^2} = \sqrt{\left(\frac{10\sqrt{3}}{3}\right)^2 - 25} = \frac{5\sqrt{3}}{3} \Rightarrow h = \frac{5\sqrt{3}}{3} \text{ cm}$$

2.ª A partir de la tangente de 30°:

$$\left.\begin{array}{l} \text{tg } 30° = \frac{\sqrt{3}}{3} \\ \text{tg } 30° = \frac{h}{5} \end{array}\right\} \Rightarrow \frac{h}{5} = \frac{\sqrt{3}}{3} \Rightarrow h = \frac{5\sqrt{3}}{3} \text{ cm}$$

El área del triángulo isósceles es:

$$A = \frac{b \cdot h}{2} = \frac{10 \cdot \frac{5\sqrt{3}}{3}}{2} = \frac{25\sqrt{3}}{3} \Rightarrow A = \frac{25\sqrt{3}}{3} \text{ cm}^2 \approx 14{,}43 \text{ cm}^2$$

ACTIVIDAD RESUELTA

¿Qué distancia hay entre los dos pueblos, A y B, si, como se aprecia en la figura, se conoce la distancia de ambos a una ermita cercana y el ángulo formado por los segmentos que unen dichas localidades con la ermita?

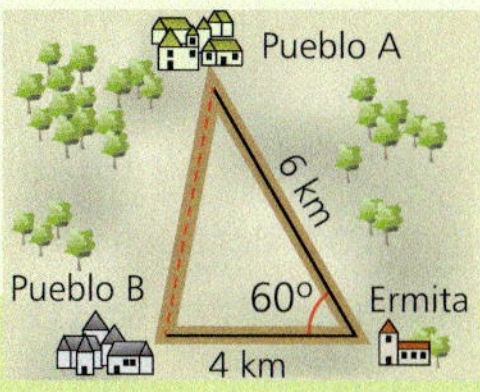

Para hallar la distancia entre ambos pueblos, se traza una recta perpendicular del pueblo A al segmento que une el pueblo B con la ermita. Se forman, así, dos triángulos rectángulos.

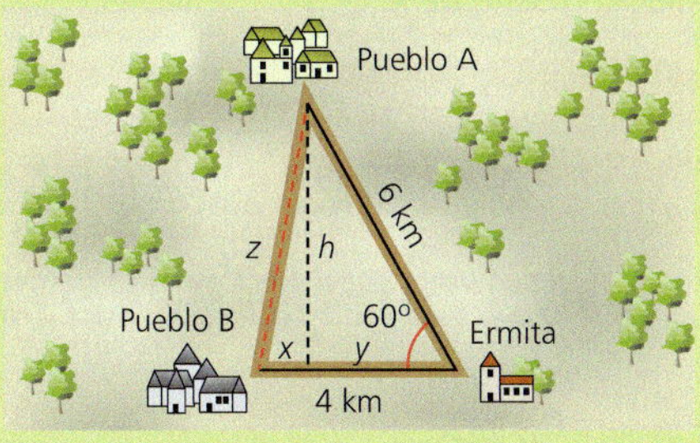

Aplicando las razones trigonométricas de 60°, se calcula la altura, *h*, así como las distancias *x*, *y* y finalmente *z*, que será la distancia entre ambos pueblos.

$$\left.\begin{array}{l} \operatorname{sen} 60° = \dfrac{\sqrt{3}}{2} \\ \operatorname{sen} 60° = \dfrac{h}{6} \end{array}\right\} \Rightarrow \frac{h}{6} = \frac{\sqrt{3}}{2} \Rightarrow h = 3\sqrt{3} \Rightarrow h = 3\sqrt{3} \text{ km}$$

$$\left.\begin{array}{l} \cos 60° = \dfrac{1}{2} \\ \cos 60° = \dfrac{y}{6} \end{array}\right\} \Rightarrow \frac{y}{6} = \frac{1}{2} \Rightarrow y = 3 \Rightarrow y = 3 \text{ km}$$

$$x = 4 - y = 4 - 3 = 1 \text{ km}$$

$$z = \sqrt{x^2 + h^2} = \sqrt{1^2 + \left(3\sqrt{3}\right)^2} = \sqrt{1 + 27} = 2\sqrt{7} \approx 5{,}29$$

$$z = 5{,}29 \text{ km}$$

En consecuencia, la distancia entre los dos pueblos es de aproximadamente 5,29 km.

ACTIVIDADES

33 Halla el área de los siguientes polígonos regulares, utilizando las razones trigonométricas:

a. Un triángulo equilátero de 6 cm de lado.

b. Un hexágono de 8 cm de lado.

34 Para calcular la altura de un edificio, se han tomado las siguientes medidas con un teodolito. Halla dicha altura.

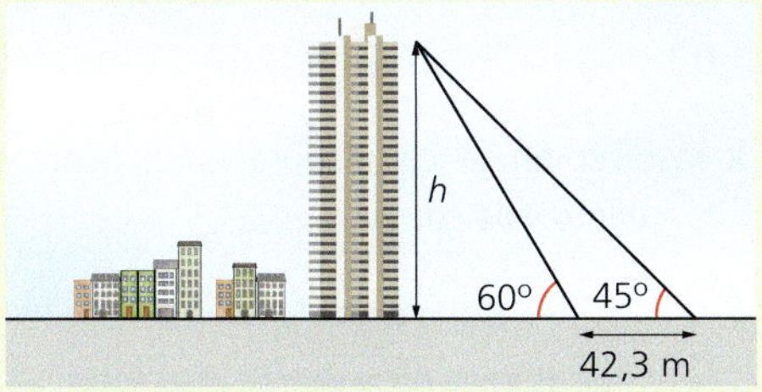

35 Determina el área y el perímetro de la siguiente figura, aplicando las razones trigonométricas y el teorema de Pitágoras:

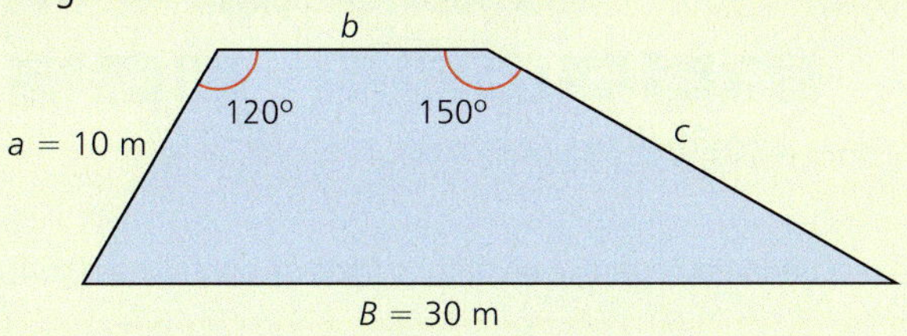

36 Ana vive enfrente de su amiga Paula. Si Ana se coloca a la entrada de su portal, visualiza la ventana de Paula con una inclinación de 60°, pero desde su ventana, que está a 10 m del suelo, lo hace con una inclinación de 30°. ¿A qué altura está la ventana de Paula?

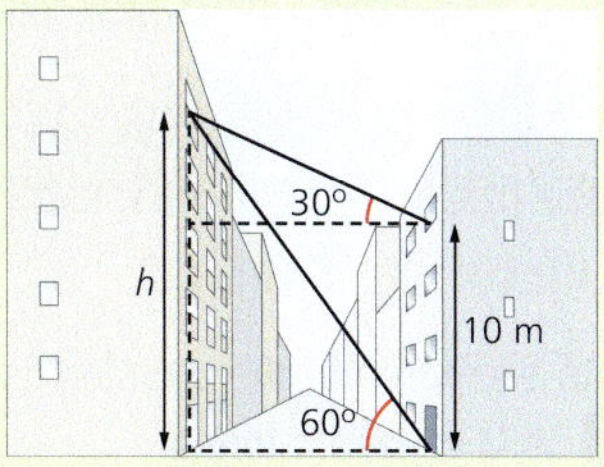

37 Eusebio posee una finca y quiere calcular cuántas hectáreas tiene. Ha realizado las siguientes mediciones. ¿Cuál es el área de su finca? ¿Cuántos metros de valla necesitará para cercarla?

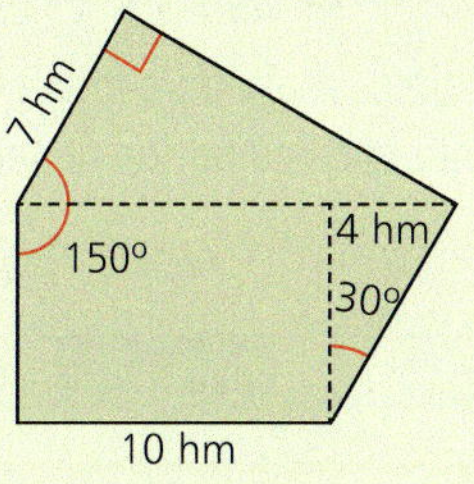

HERRAMIENTAS TECNOLÓGICAS

La trigonometría y la calculadora científica

Con ayuda de la calculadora científica se pueden realizar operaciones en las que aparezcan ángulos y calcular tanto las razones trigonométricas del seno, el coseno y la tangente, como el ángulo que se corresponde con el valor de una de estas razones trigonométricas.

Selección de la unidad de medida del ángulo

Con la calculadora es posible expresar los ángulos en tres unidades de medida: grados sexagesimales (DEG), radianes (RAD) y grados centesimales (GRA): un ángulo recto se divide en 100° centesimales.

En la calculadora hay que ajustar el modo, MODE, según se desee medir los ángulos en grados sexagesimales o en radianes. Aquí vamos a trabajar con grados sexagesimales.

Cálculo de razones trigonométricas

Para calcular el seno, el coseno y la tangente de un ángulo, se utilizan las teclas sin, cos y tan, respectivamente.

En el caso de que la calculadora sea de pantalla sencilla, primero se escribe el ángulo y luego se presiona la tecla de la correspondiente razón trigonométrica. Si la calculadora tiene pantalla descriptiva, hay que proceder al revés.

Operación	Teclas		Resultado
	Pantalla sencilla	Pantalla descriptiva	
sen 45°	4 5 sin	sin 4 5 =	0,707 1...

Cálculo de razones trigonométricas de ángulos en forma compleja

Si el ángulo está escrito en forma compleja, se introduce mediante la tecla ° ′ ″ de la siguiente forma:

Ángulo	Teclas
7° 45′ 33″	7 ° ′ ″ 4 5 ° ′ ″ 3 3 ° ′ ″

Dependiendo del tipo de calculadora, el resultado aparecerá en forma compleja, 7° 45′ 33″, o en forma incompleja, 7,759 166...

Para pasar este último resultado a forma compleja, se da a la opción ←, mediante la combinación de teclas SHIFT ° ′ ″:

En pantalla	Teclas	Resultado
7,759 166...	SHIFT ° ′ ″	7° 45′ 33″

Para calcular el coseno de 2° 5′ 26″, se teclea:

	Teclas
Pantalla sencilla	2 ° ′ ″ 5 ° ′ ″ 2 6 ° ′ ″ cos
Pantalla descriptiva	cos 2 ° ′ ″ 5 ° ′ ″ 2 6 ° ′ ″ =

El resultado será 0,9993...

Cálculo de un ángulo correspondiente a una razón trigonométrica

Para ello, se utilizan las opciones sin^{-1}, cos^{-1} y tan^{-1}, que se harían efectivas mediante la combinación de teclas SHIFT sin, SHIFT cos y SHIFT tan, respectivamente.

Teclas	
Pantalla sencilla	Pantalla descriptiva
0 · 5 SHIFT sin	SHIFT sin 0 · 5 =

El resultado que aparecerá en la pantalla será 30. Esto quiere decir que el ángulo cuyo seno es 0,5 es el de 30°, si dicho ángulo está en el primer cuadrante.

Cálculo de una razón trigonométrica a partir de otra

Vamos a resolver en la calculadora el siguiente problema: si tg $\alpha = 1,2$, ¿cuánto vale cos α?

Teclas pantalla sencilla	
1 · 2 SHIFT tan	cos
Calcula el ángulo cuya tangente es 1,2	Calcula el coseno de dicho ángulo

Teclas pantalla descriptiva	
SHIFT tan 1 · 2 =	cos Ans =
Calcula el ángulo cuya tangente es 1,2	Calcula el coseno de dicho ángulo

El resultado que aparece en ambos tipos de pantalla es 0,640 18...

APRENDO A APRENDER

Copia, completa e ilustra en tu cuaderno el siguiente mapa conceptual y después contesta a las preguntas. También lo puedes realizar en el ordenador con el programa **CmapTools.**

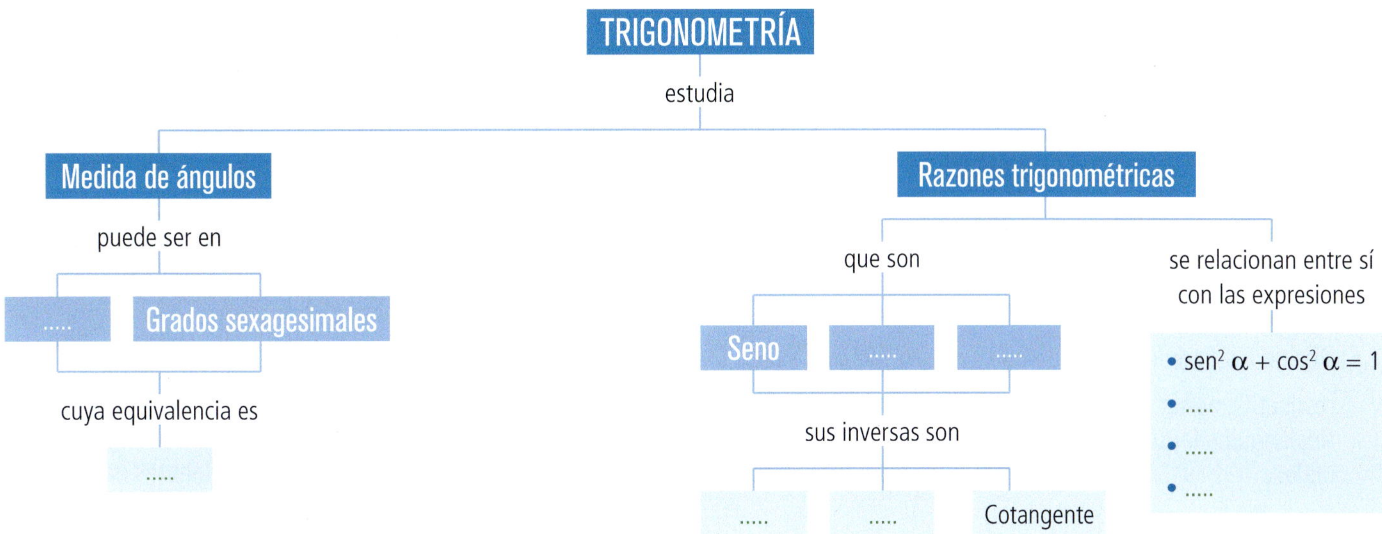

ACTIVIDADES

1 Indica qué unidades de medida se utilizan para medir ángulos. ¿Cuáles son las que vamos a utilizar? ¿Qué equivalencia existe entre dichas unidades de medida?

2 ¿Cuáles son las razones trigonométricas de un ángulo agudo de un triángulo rectángulo? ¿Y sus razones inversas?

3 Copia y completa la siguiente tabla en tu cuaderno:

	0°	90°	180°	270°	30°	60°	45°
Seno							
Coseno							
Tangente							
Cosecante							
Secante							

4 Indica si estas afirmaciones son o no ciertas:

a. El seno de un ángulo puede ser mayor que 1.

b. La tangente de un ángulo nunca puede ser mayor que 1.

c. La cosecante de un ángulo puede ser mayor que 1.

d. El coseno de un ángulo está comprendido entre –1 y 1.

e. La suma del seno más el coseno es siempre 1.

5 Dibuja una circunferencia goniométrica, sitúa en ella los cuatro cuadrantes e indica el signo de las distintas razones trigonométricas en los diferentes cuadrantes.

6 ¿Cuál es la relación fundamental de la trigonometría? ¿Qué otras relaciones importantes se utilizan para realizar cálculos en los que intervengan razones trigonométricas?

7 Indica cómo reducir las razones trigonométricas de un ángulo del segundo cuadrante a un ángulo del primer cuadrante.

8 ¿Qué equivalencia tienen las razones trigonométricas del tercer cuadrante con las del primer cuadrante?

9 Indica qué ocurre con las razones trigonométricas de dos ángulos complementarios.

10 ¿Qué relación existe entre las razones trigonométricas de un ángulo y su ángulo opuesto?

11 Prepara una presentación digital para tus compañeros sobre el origen de la trigonometría y su evolución a lo largo de la historia. Puedes hacer un documento PowerPoint, usar Glogster…

REPASO FINAL

MEDIDAS DE ÁNGULOS: EL RADIÁN

1 Indica a cuántos grados equivalen los siguientes ángulos expresados en radianes:

a. $\frac{2\pi}{6}$ rad c. $\frac{3\pi}{5}$ rad e. $\frac{3\pi}{4}$ rad g. $\frac{3\pi}{2}$ rad

b. 4,5 rad d. 2,6 rad f. 2,5π rad h. 1,2π rad

2 Expresa en radianes estos ángulos:

a. 35° c. 260° e. 200° g. 450°

b. 70° d. 190° f. 100° h. 290°

3 Dos de los ángulos de un triángulo miden 20° y $\frac{2\pi}{5}$ rad, respectivamente. Indica cuáles son las medidas de sus tres ángulos tanto en radianes como en grados sexagesimales.

4 Halla el ángulo central de los siguientes polígonos regulares, expresando el resultado en grados sexagesimales y en radianes:

a. Un heptágono. c. Un hexágono.

b. Un octógono. d. Un eneágono.

RAZONES TRIGONOMÉTRICAS DE UN TRIÁNGULO RECTÁNGULO

ACTIVIDAD RESUELTA

5 Calcula el ángulo, α, que cumple que sen $\alpha = 0,2$ y exprésalo en radianes y en grados sexagesimales.

Como hemos visto en la sección *Herramientas tecnológicas,* con ayuda de la calculadora es posible calcular un ángulo a partir de una de sus razones trigonométricas. No hay que olvidar que, si el modo de la calculadora está puesto en RAD, dará el ángulo en radianes, mientras que, si está en DEG (*degree,* «grados» en inglés), lo mostrará en grados sexagesimales.

Teclas en la calculadora	
Pantalla sencilla	0 · 2 SHIFT sin
Pantalla descriptiva	SHIFT sin 0 · 2

Por tanto:

$$\text{arcsen } 0,2 = 11^\circ\ 32'\ 13,05'' = 0,20 \text{ rad}$$

6 Halla con la calculadora el valor de los ángulos que tienen las siguientes razones trigonométricas, tanto en grados como en radianes:

a. sen $\alpha = 0,98$ c. tg $\alpha = 0,27$ e. cos $\alpha = 0,64$

b. cos $\alpha = 0,94$ d. sen $\alpha = 0,34$ f. tg $\alpha = 2,75$

7 Calcula las siguientes razones trigonométricas con ayuda de la calculadora y redondea los resultados a las centésimas:

a. sen (87°) d. tg (1,1 rad) g. cos (7° 54'')

b. cos (32° 45' 6'') e. sen (0,3 rad) h. tg (76° 34' 45'')

c. sen (78° 55') f. tg (1,2 rad) i. cos (56° 25'')

8 Utilizando su definición, halla las razones trigonométricas de los siguientes ángulos pertenecientes a triángulos rectángulos de los que se conocen los siguientes datos:

a. Tiene un cateto contiguo de 14,5 cm y una hipotenusa de 210,5 cm.

b. Tiene un cateto contiguo de 8 cm y un cateto opuesto de 1,8 cm.

c. Tiene un cateto opuesto de 4 cm y una hipotenusa de 20,2 cm.

9 Calcula las razones trigonométricas de los ángulos agudos de los siguientes triángulos rectángulos, hallando con la calculadora su valor en grados sexagesimales:

a.
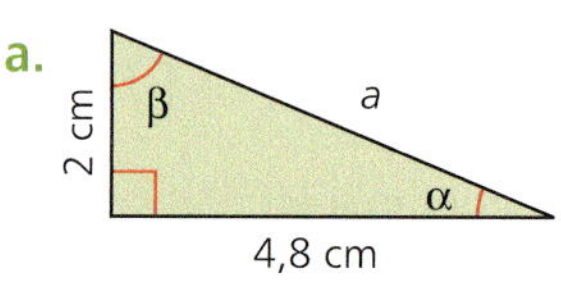

c.
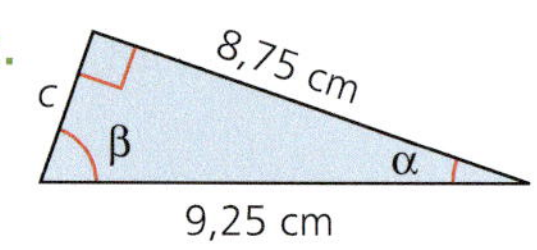

b.
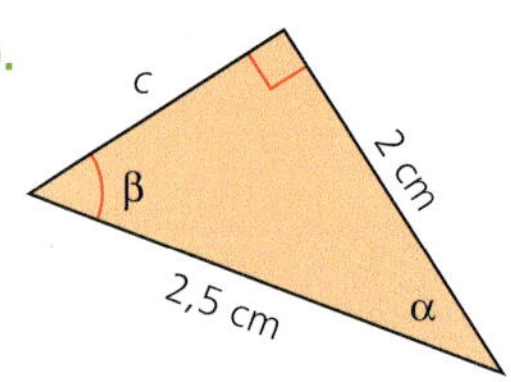

d.
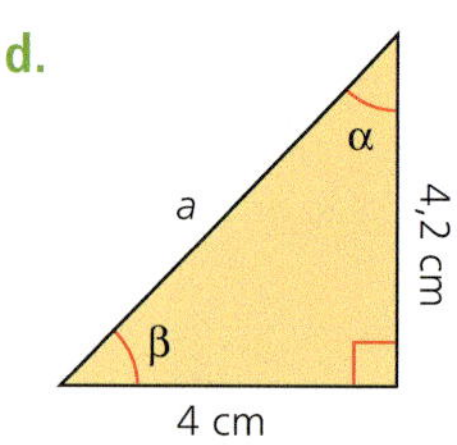

RAZONES TRIGONOMÉTRICAS DE ALGUNOS ÁNGULOS

10 Calcula la apotema de un hexágono regular cuyo lado mide 6 cm.

11 En un triángulo rectángulo, el cateto contiguo a un ángulo de 30° mide 4,5 cm. ¿Cuánto medirá la hipotenusa? ¿Y el otro cateto?

12 Uno de los catetos de un triángulo rectángulo mide 4 cm, y su hipotenusa, $\sqrt{32}$ cm.

a. ¿Cuánto miden los ángulos agudos de dicho triángulo rectángulo?

b. Halla el valor del cateto desconocido a partir de las razones trigonométricas.

13 ¿Cuánto medirán los catetos de un triángulo rectángulo si sabemos que el lado opuesto al ángulo de 60° mide 6 cm?

14 ⊕ Un rectángulo tiene una longitud de 8 cm. Si dividimos dicho rectángulo mediante su diagonal, resultan dos triángulos rectángulos iguales. Si el largo de 8 cm es el cateto opuesto a un ángulo de 60°, halla, aplicando las razones trigonométricas:

a. La diagonal del rectángulo.

b. El ancho del rectángulo.

c. El área y el perímetro de dicho rectángulo.

RAZONES TRIGONOMÉTRICAS DE UN ÁNGULO CUALQUIERA

15 Dibuja estos ángulos y utiliza la regla para calcular sus razones trigonométricas:

a. 160° b. 80° c. 310° d. 220°

16 Fíjate en los cuatro ángulos dibujados.

1.

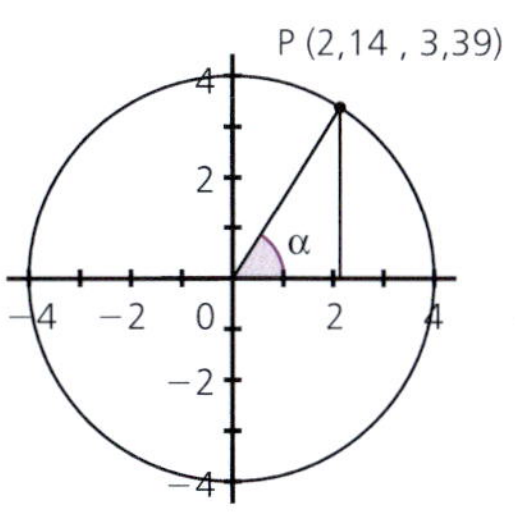

2.

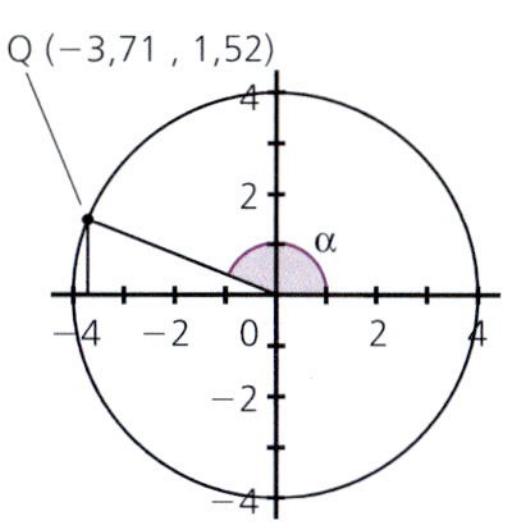

3.

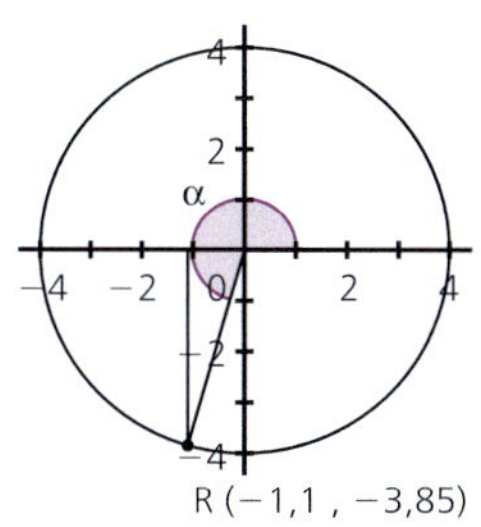

4.

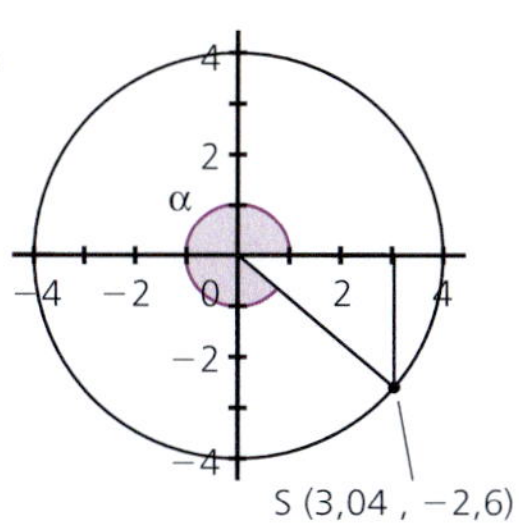

a. Halla sus razones trigonométricas.

b. Con ayuda de la calculadora, determina cada uno de los ángulos.

17 Indica en qué cuadrante se sitúan los siguientes ángulos y qué signos tendrán sus razones trigonométricas:

a. 256° c. 24° e. 202° g. 105°

b. 5,2 rad d. 1,3 rad f. 4,1 rad h. 2,8 rad

18 Identifica en qué cuadrante o cuadrantes se encuentran los ángulos que tienen las siguientes razones trigonométricas:

a. $\text{sen}\ \alpha = 0{,}42$ c. $\cos \alpha = -0{,}19$ e. $\cos \alpha = 0{,}67$

b. $\text{tg}\ \alpha = -0{,}75$ d. $\text{tg}\ \alpha = 4{,}52$ f. $\sec \alpha = -1{,}2$

RELACIONES ENTRE LAS RAZONES TRIGONOMÉTRICAS

19 A partir de las siguientes razones trigonométricas, halla las restantes, sabiendo que los ángulos pertenecen al primer cuadrante:

a. $\cos \alpha = 0{,}55$ d. $\text{sen}\ \alpha = \frac{1}{3}$ g. $\text{tg}\ \alpha = 0{,}58$

b. $\text{sen}\ \alpha = 0{,}92$ e. $\text{tg}\ \alpha = 2{,}42$ h. $\cos \alpha = \frac{\sqrt{2}}{9}$

c. $\text{tg}\ \alpha = \frac{6}{5}$ f. $\cos \alpha = 0{,}25$ i. $\text{sen}\ \alpha = \frac{\sqrt{3}}{5}$

20 Calcula el seno, el coseno y la tangente de los ángulos que tienen estas razones trigonométricas:

a. $\text{cosec}\ \alpha = -2\sqrt{2}$, con $180° < \alpha < 270°$

b. $\text{cotg}\ \alpha = -\frac{1}{4}$, con $270° < \alpha < 360°$

c. $\sec \alpha = -\frac{41}{4}$, con $90° < \alpha < 180°$

d. $\text{cotg}\ \alpha = 1$, con $180° < \alpha < 270°$

e. $\text{cosec}\ \alpha = -2$, con $270° < \alpha < 360°$

f. $\sec \alpha = -\frac{5}{2}$, con $90° < \alpha < 180°$

21 Simplifica las expresiones utilizando las distintas relaciones entre las razones trigonométricas.

a. $\dfrac{\text{tg}^2\,\alpha - \sec^2\alpha}{1 + \text{cotg}^2\,\alpha}$

b. $\dfrac{\cos\alpha - \sec\alpha}{\cos\alpha + \sec\alpha}$

c. $\dfrac{\cos^2\alpha}{1 - \text{sen}\ \alpha}$

d. $\dfrac{\text{tg}^2\,\alpha + 1}{\text{cotg}^2\,\alpha + 1}$

e. $1 - \dfrac{\text{sen}\ \alpha \cdot \text{cotg}\ \alpha}{\text{cosec}\ \alpha \cdot \text{tg}\ \alpha}$

f. $\text{sen}^3\,\alpha + \text{sen}\ \alpha \cdot \cos^2\alpha$

REPASO FINAL

22 Comprueba si las igualdades propuestas son o no ciertas, aplicando las relaciones existentes entre las razones trigonométricas.

a. $\frac{1}{(1+\cos\alpha)\cdot(1-\cos\alpha)} = \text{cosec}^2\,\alpha$

b. $\frac{\cos^2\alpha}{1-\text{sen}\,\alpha} = 1+\text{sen}\,\alpha$

c. $\frac{\text{sen}\,\alpha}{1+\text{tg}^2\,\alpha} = \text{cotg}^2\,\alpha$

d. $\cos\alpha\cdot(\text{tg}\,\alpha+\text{cotg}\,\alpha) = \frac{1}{\text{sen}\,\alpha}$

ACTIVIDAD RESUELTA

23 Encuentra el ángulo o los ángulos que cumplen la siguiente ecuación trigonométrica:

$$5\,\text{sen}\,\alpha - 2\cos^2\alpha = 1$$

Utilizando las relaciones entre las razones trigonométricas, se simplifica la ecuación anterior:

$$5\,\text{sen}\,\alpha - 2\cos^2\alpha = 1 \Rightarrow 5\,\text{sen}\,\alpha - 2\cdot(1-\text{sen}^2\alpha) = 1 \Rightarrow$$
$$\Rightarrow 5\,\text{sen}\,\alpha - 2 + 2\,\text{sen}^2\alpha = 1 \Rightarrow$$
$$\Rightarrow 2\,\text{sen}^2\alpha + 5\,\text{sen}\,\alpha - 3 = 0$$

Se realiza un cambio de variable, asignando $x = \text{sen}\,\alpha$:

$$2x^2 + 5x - 3 = 0 \Rightarrow \begin{cases} x_1 = \frac{1}{2} \\ x_2 = -3 \end{cases}$$

Se deshace el cambio de variable:

- Para $\text{sen}\,\alpha = -3$, no es una solución válida, ya que el seno únicamente puede tomar valores entre –1 y 1.
- Para $\text{sen}\,\alpha = \frac{1}{2} \Rightarrow \alpha_1 = 30^\circ$ y $\alpha_2 = 150^\circ$

Por consiguiente, la solución es $\alpha_1 = 30^\circ + 360^\circ\,k$ y $\alpha_2 = 150^\circ + 360^\circ\,k$ para cualquier número entero, *k*, ya que, si damos vueltas de 360°, las razones trigonométricas son las mismas.

24 Resuelve las siguientes ecuaciones trigonométricas:

a. $\cos^2\alpha - \frac{1}{2} = \text{sen}^2\,\alpha$

b. $\frac{\cos^2\alpha}{3} = 1 - \text{sen}\,\alpha$

c. $2\cos\alpha = 3\,\text{tg}\,\alpha$

d. $3\cos^2\alpha + 5 = 5\,\text{sen}\,\alpha$

e. $2\,\text{tg}\,\alpha - 3\,\text{cotg}\,\alpha = 1$

f. $\text{sen}^2\,\alpha + \cos\alpha = 1$

REDUCCIÓN DE LAS RAZONES TRIGONOMÉTRICAS AL PRIMER CUADRANTE

25 Halla el valor de las siguientes razones trigonométricas, expresándolas primero en función de un ángulo del primer cuadrante:

a. tg 420°
b. tg (–60°)
c. sen 1 200°
d. cos 450°
e. tg 225°
f. sen 315°

26 Con ayuda de la calculadora, halla las razones trigonométricas de los siguientes ángulos:

$$\alpha = 16^\circ \qquad \alpha = 74^\circ$$

a. ¿Qué tienen en común dichas razones trigonométricas obtenidas?

b. ¿Por qué ocurre eso?

27 Si $\cos\alpha = 0{,}6$ y α pertenece al primer cuadrante, determina las siguientes razones trigonométricas sin utilizar la calculadora:

a. $\text{sen}\,\alpha$
b. $\text{tg}\,(-\alpha)$
c. $\cos(180^\circ - \alpha)$
d. $\text{sen}\,(180^\circ - \alpha)$
e. $\cos(180^\circ + \alpha)$
f. $\cos(90^\circ - \alpha)$

28 Si el ángulo α se sitúa en el tercer cuadrante y $\text{tg}\,\alpha = 2$, establece las siguientes razones trigonométricas sin utilizar la calculadora:

a. $\cos\alpha$
b. $\text{sen}\,\alpha$
c. $\text{tg}\,(180^\circ + \alpha)$
d. $\cos(180^\circ + \alpha)$
e. $\text{sen}\,(180^\circ + \alpha)$
f. $\text{tg}\,(-\alpha)$

APLICACIONES DE LA TRIGONOMETRÍA

29 Halla el área de un triángulo isósceles cuyos lados iguales miden 12 cm y forman un ángulo de 40°.

30 Las diagonales de un rombo miden 8 cm y 12 cm, respectivamente.

a. Calcula su perímetro y su área.

b. ¿Cuál es la abertura de sus ángulos?

31 Halla la longitud de una circunferencia sabiendo que a un ángulo central de 50° le corresponde una cuerda de 7 cm.

32 Un pintor utiliza una escalera de tijera que tiene una abertura de 70°. Si con dicha escalera se alcanzan 2,5 m de altura, ¿cuánto miden sus brazos?

EVALUACIÓN

33 ⊕⊕ ¿A qué distancia se encuentra un satélite artificial desde el que se ve de la Tierra bajo un ángulo de 100°?

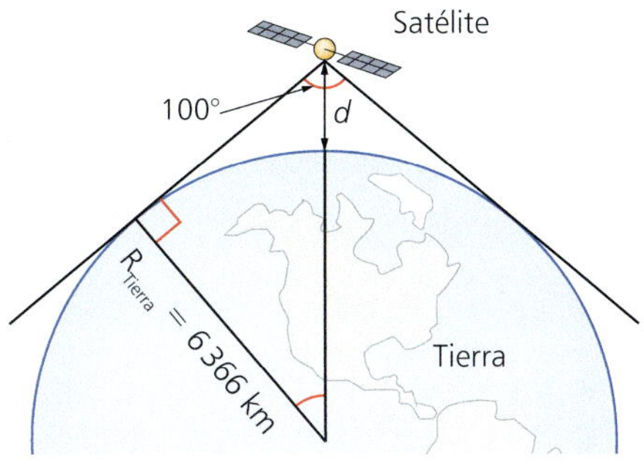

34 ⊕ Un avión que se acerca a la pista de aterrizaje de un aeropuerto se encuentra a 2 km de la torre de control. ¿A qué altura vuela el avión si es observado con un ángulo de 25° desde la torre de control, que mide 50 m?

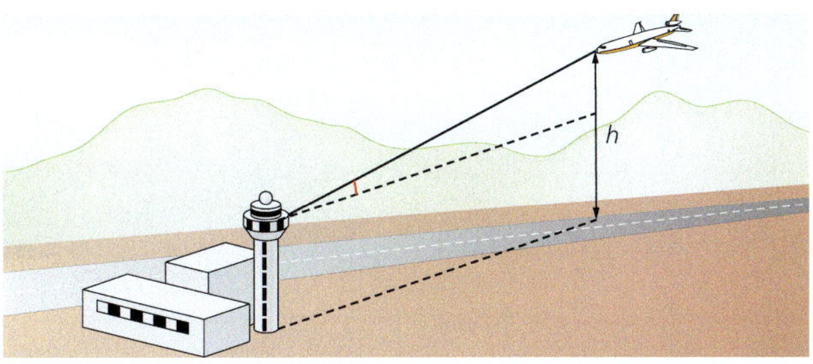

35 ⊕⊕ Calcula el ángulo que forma la diagonal de un cubo de 8 cm de arista con la diagonal de la base.

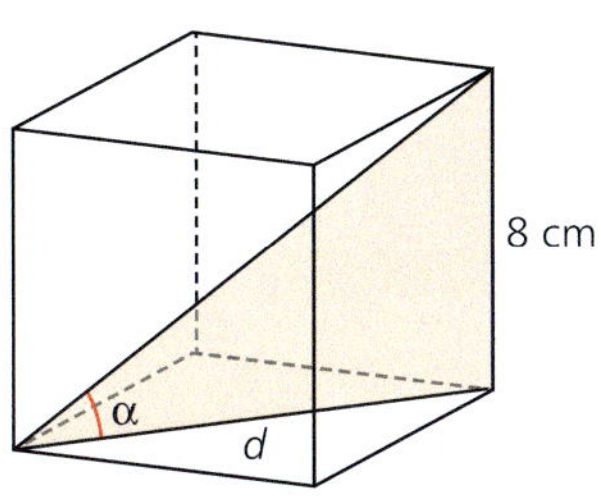

36 ⊕⊕ Un vigilante está en una torre vigía. Desde allí observa un coche aparcado con un ángulo de visión de 20°. En el lado opuesto, puede ver a un compañero suyo bajo un ángulo de visión de 30°.

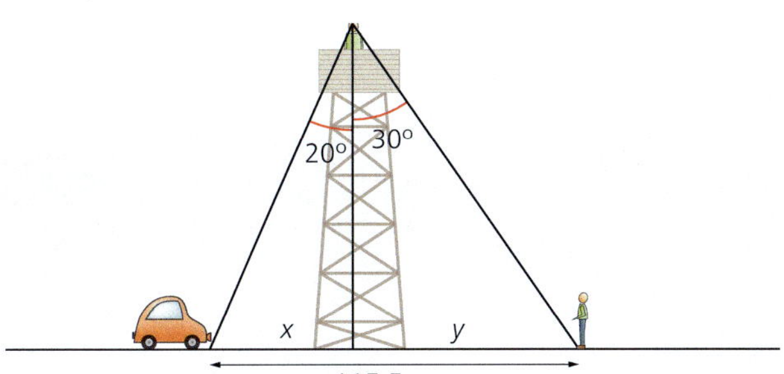

Si entre el coche y su compañero hay 115,5 m de distancia, ¿qué altura tiene la torre vigía?

1 Un ángulo de 0,5 rad equivale a otro de:

a. 8,7° b. 28,6° c. 90° d. 1,6°

2 Un ángulo de 80° equivale a otro de:

a. $\frac{9\pi}{4}$ rad b. 0,44 rad c. $\frac{4\pi}{9}$ rad d. 7,07 rad

3 De un triángulo rectángulo cuyas medidas son 3 cm, 4 cm y 5 cm el seno de uno de los ángulos agudos no puede medir:

a. 0,8 cm b. 0,75 cm c. 0,6 cm d. $\frac{6}{10}$ cm

4 El valor de la expresión tg 30° · sen 60° + sen 45° es:

a. $\frac{1+\sqrt{2}}{2}$ b. $\frac{3+\sqrt{2}}{2}$ c. $\frac{\sqrt{3}}{6}+\frac{\sqrt{2}}{2}$ d. $\frac{\sqrt{3}+\sqrt{2}}{2}$

5 Si de un ángulo agudo el $\cos\alpha = 0{,}5$, el valor del $\text{sen}\,\alpha$ es:

a. 0,75 b. 0,25 c. 0,55 d. 0,87

6 Si de un ángulo agudo la $\text{tg}\,\alpha = 2{,}2$, el valor del $\cos\alpha$ es:

a. 0,17 b. 0,26 c. 0,41 d. 0,51

7 La expresión simplificada de $\frac{\text{sen}^3\alpha + \text{sen}\,\alpha \cdot \cos^2\alpha}{\cos\alpha}$ es:

a. $\text{sen}^2\alpha$ b. $\cos\alpha$ c. $\text{cotg}\,\alpha$ d. $\text{tg}\,\alpha$

8 El coseno de 1 475° es igual al coseno de:

a. 215° b. 325° c. 55° d. 145°

9 El área del siguiente triángulo es:

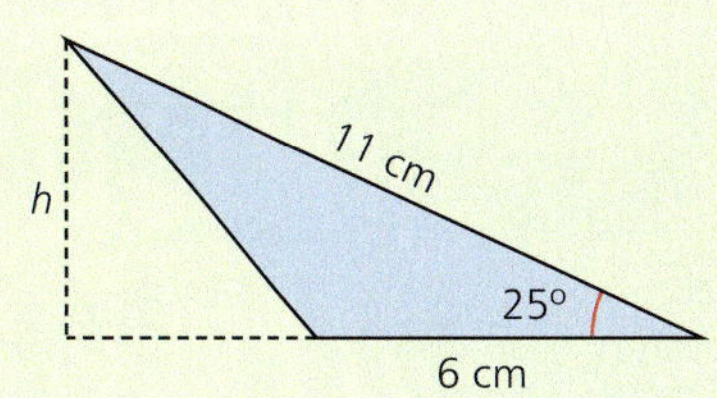

a. 25,41 cm² b. 13,86 cm² c. 15,39 cm² d. 8,46 cm²

10 Un árbol tiene una altura de 15 m. Si Pedro se acerca a él 10 m, lo ve bajo un ángulo de 40°. El ángulo bajo el cual veía el árbol desde su posición inicial es:

a. 28,3° b. 25,3° c. 30° d. 24°

DIARIO DE APRENDIZAJE

¿Qué contenido me gustaría ampliar o estudiar con más profundidad?

08 Resolución de triángulos

¿Cómo voy a resolver las dificultades que se me planteen en esta unidad?
Se puede calcular la altura de puntos de difícil acceso, como la cima de un acantilado, el nacimiento de una catarata o el último piso de la torre Pissa, utilizando triángulos. ¿Cómo calcularías la altura en cada uno de estos casos? Reflexionad sobre ello y discutidlo después en clase con el resto de los compañeros.

01 Resolución de triángulos rectángulos

Resolver un triángulo consiste en averiguar, a partir de algunos de sus elementos, los que son desconocidos mediante razonamientos, fórmulas o construcciones. Un triángulo está resuelto cuando se conocen sus tres ángulos y sus tres lados.

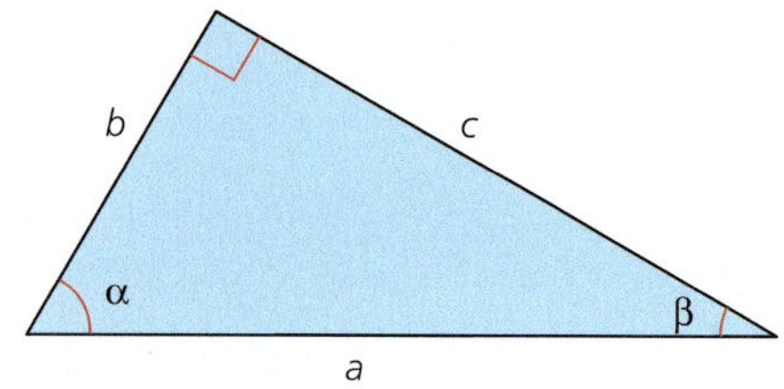

Para resolver un **triángulo rectángulo,** es preciso conocer, como mínimo, dos elementos distintos del ángulo recto, uno de los cuales al menos ha de ser uno de los lados.

Vamos a estudiar los distintos casos de resolución de triángulos rectángulos dependiendo de los elementos conocidos. Para ello, consideraremos el triángulo rectángulo del margen.

A partir de dos lados del triángulo

1 Se calcula el otro lado mediante el teorema de Pitágoras:

$$a^2 = b^2 + c^2$$

2 Se halla uno de los ángulos agudos con las razones trigonométricas; por ejemplo:

$$\text{sen } \alpha = \frac{c}{a} \Rightarrow \alpha = \text{arcsen} \left(\frac{c}{a}\right)$$

3 Se determina el ángulo buscado en función de los otros dos:

$$\beta = 90° - \alpha$$

A partir de un ángulo y la hipotenusa

1 Se calcula el ángulo que falta en función de los otros dos:

$$\beta = 90° - \alpha$$

2 Teniendo en cuenta la hipotenusa, se halla cualquiera de los catetos con el seno o el coseno, dependiendo de si es el cateto opuesto o el contiguo, respectivamente. Por ejemplo,

$$\text{sen } \alpha = \frac{c}{a} \Rightarrow c = a \cdot \text{sen } \alpha$$

3 Finalmente, se determina el cateto buscado utilizando la otra razón trigonométrica o el teorema de Pitágoras:

$$\cos \alpha = \frac{b}{a} \Rightarrow b = a \cdot \cos \alpha$$

$$b = \sqrt{a^2 - c^2}$$

A partir de un ángulo y un cateto

1 Se calcula el ángulo que falta en función de los otros dos:

$$\beta = 90° - \alpha$$

2 Conocido un cateto, se halla el otro cateto y la hipotenusa; se emplea para ello el seno o el coseno, dependiendo de si se trata del cateto opuesto o del contiguo, respectivamente, o se utiliza el teorema de Pitágoras.

ACTIVIDAD RESUELTA

Resuelve el triángulo rectángulo cuya hipotenusa, *a*, mide 10 cm y que tiene un cateto, *b*, de 8 cm.

Se calcula el otro cateto: $c = \sqrt{10^2 - 8^2} = \sqrt{100 - 64} = \sqrt{36} = 6 \Rightarrow c = 6$ cm

Se halla uno de los ángulos agudos:

$$\beta = \text{arcsen} \left(\frac{8}{10}\right) = \text{arcsen } 0,8 = 53,13°$$

De este modo, el otro ángulo tendrá una abertura de: $\alpha = 90° - 53,13° = 36,87°$

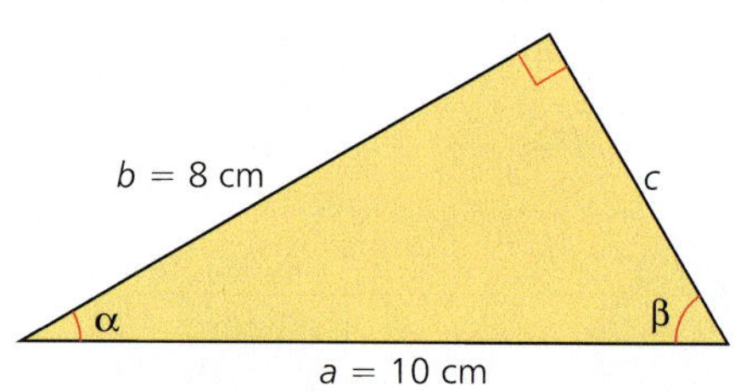

ACTIVIDADES RESUELTAS

1 Resuelve el triángulo rectángulo que tiene un ángulo de 73,7° y una hipotenusa de 25 cm.

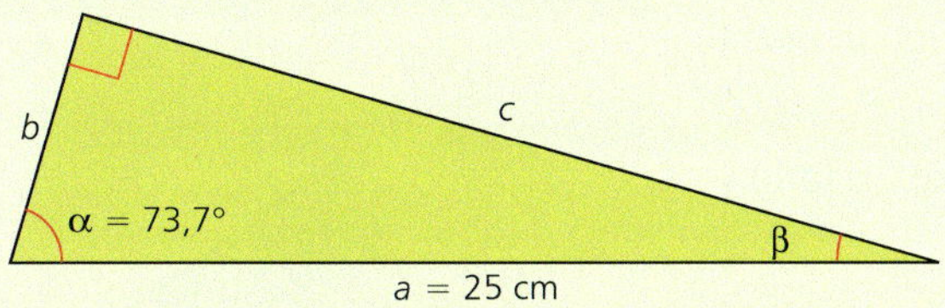

Se calcula el otro ángulo: $\beta = 90° - 73,7° = 16,3°$

Se hallan los catetos:

$$\text{sen } 73,7° = \frac{c}{25} \Rightarrow c = 25 \cdot \text{sen } 73,7° = 24 \Rightarrow c = 24 \text{ cm}$$

$$\cos 73,7° = \frac{b}{25} \Rightarrow b = 25 \cdot \cos 73,7° = 7,02 \Rightarrow b = 7,02 \text{ cm}$$

2 Resuelve el triángulo rectángulo, uno de cuyos ángulos agudos mide 81,2°, y que tiene un cateto contiguo de 1,3 cm.

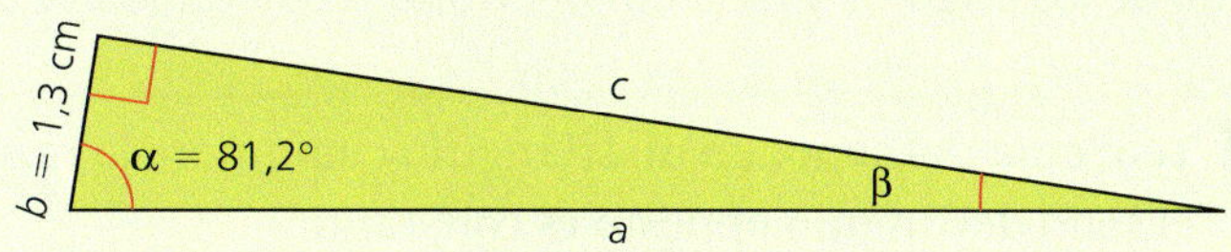

Se calcula el otro ángulo: $\beta = 90° - 81,2° = 8,8°$

Se halla la hipotenusa y el otro cateto:

$$\cos 81,2° = \frac{1,3}{a} \Rightarrow a = \frac{1,3}{\cos 81,2°} = 8,5 \Rightarrow a = 8,5 \text{ cm}$$

$$\cos 8,8° = \frac{c}{8,5} \Rightarrow c = 8,5 \cdot \cos 8,8° = 8,4 \Rightarrow c = 8,4 \text{ cm}$$

ACTIVIDADES

1 Resuelve los siguientes triángulos rectángulos:

a.

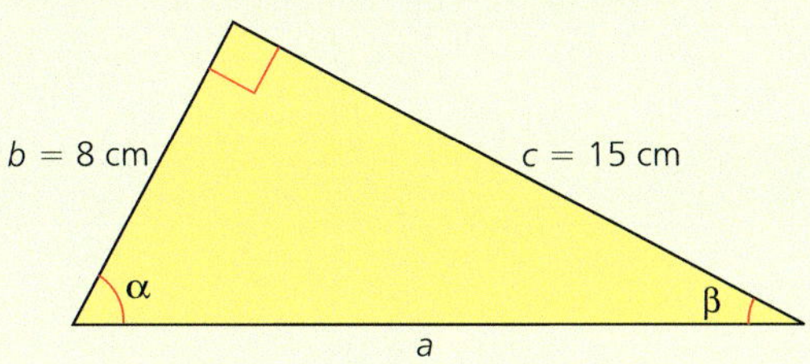

b.

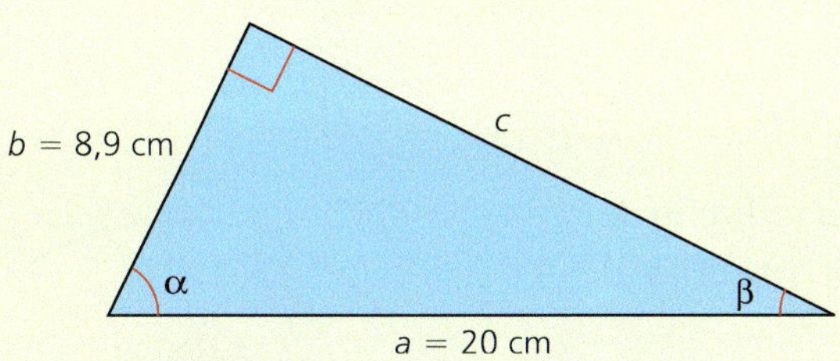

c.

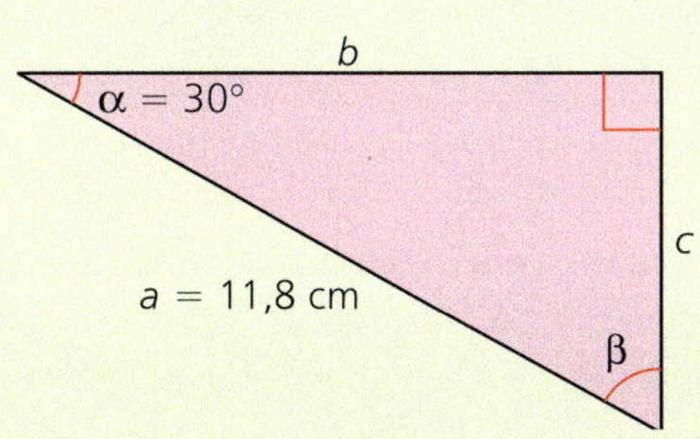

d.

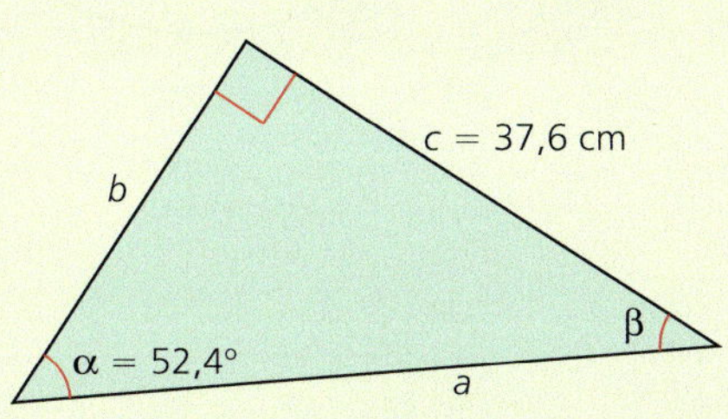

2 Ana está en la calle mirando hacia la ventana de María. Teniendo en cuenta que la ve con un ángulo de 25° y que se encuentra a 50 m del bloque de pisos donde vive su amiga, contesta a las siguientes preguntas:

a. ¿Con qué ángulo ve María a Ana?

b. ¿A qué altura está la ventana de María?

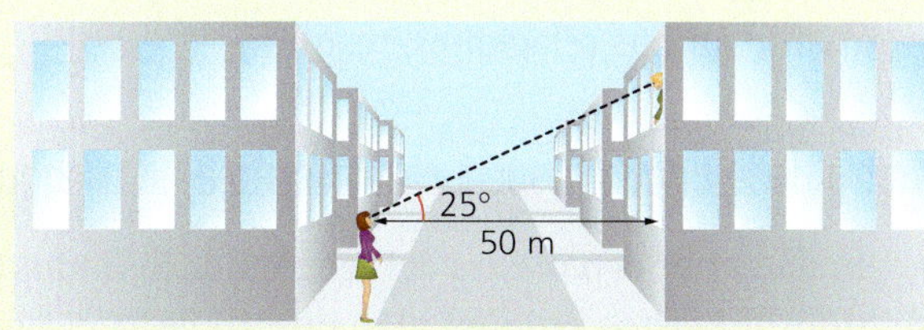

3 Un equipo de multiaventura monta una tirolina que une los dos extremos de un desfiladero. La altura a un lado del desfiladero con respecto al otro difiere en 3° en relación con la horizontal, como se indica en el dibujo. Si hay 100 m de distancia entre los extremos del desfiladero, calcula la longitud de la tirolina y la diferencia de altura que hay entre un extremo del desfiladero y el otro.

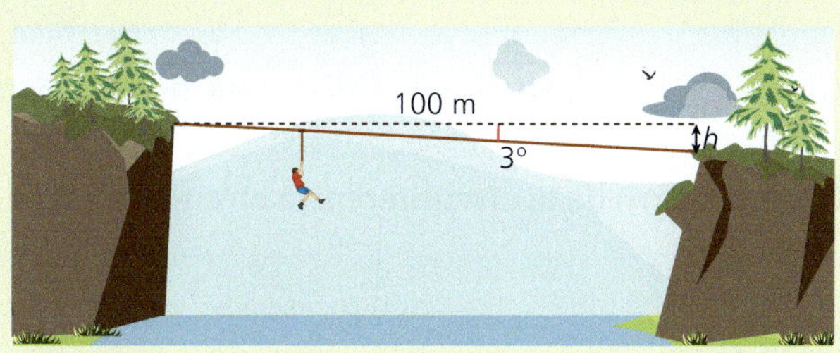

02 Teorema del seno

Consideremos un triángulo cualquiera, $\widehat{ABC}$. La relación existente entre el seno de los ángulos y los lados del triángulo la establece el teorema del seno.

Teorema del seno. En un triángulo cualquiera la razón entre un lado y el seno del ángulo opuesto es constante:

$$\frac{a}{\text{sen } \alpha} = \frac{b}{\text{sen } \beta} = \frac{c}{\text{sen } \gamma}$$

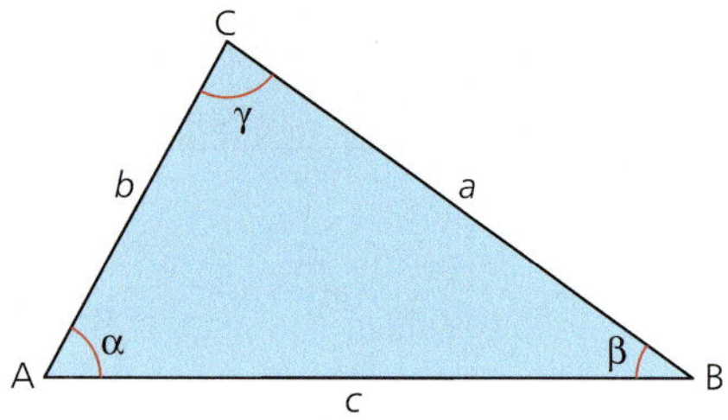

Para demostrarlo, consideremos el triángulo, $\widehat{ABC}$, del margen.

1 Se traza la altura, *h*, desde C a su lado opuesto, *c*, con lo que se forman dos triángulos rectángulos.

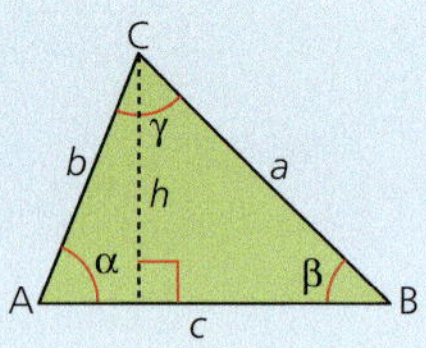

2 Con el seno de los ángulos α y β se halla el valor de la altura, y se igualan las dos expresiones resultantes:

$$\text{sen } \alpha = \frac{h}{b} \Rightarrow h = b \cdot \text{sen } \alpha$$

$$\text{sen } \beta = \frac{h}{a} \Rightarrow h = a \cdot \text{sen } \beta$$

$$b \cdot \text{sen } \alpha = a \cdot \text{sen } \beta \Rightarrow \frac{a}{\text{sen } \alpha} = \frac{b}{\text{sen } \beta}$$

3 Del mismo modo, trazando una altura, *h'*, desde A a su lado opuesto, *a*, se vuelven a formar dos triángulos rectángulos.

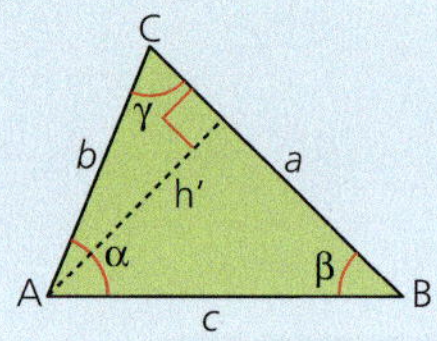

4 Se procede como en el punto 2 con la finalidad de hallar el valor de la altura *h'*.

$$\text{sen } \beta = \frac{h'}{c} \Rightarrow h' = c \cdot \text{sen } \beta$$

$$\text{sen } \gamma = \frac{h'}{b} \Rightarrow h' = b \cdot \text{sen } \gamma$$

$$c \cdot \text{sen } \beta = b \cdot \text{sen } \gamma \Rightarrow \frac{b}{\text{sen } \beta} = \frac{c}{\text{sen } \gamma}$$

Combinando ambas relaciones, resulta: $\frac{a}{\text{sen } \alpha} = \frac{b}{\text{sen } \beta} = \frac{c}{\text{sen } \gamma}$

Diámetro de la circunferencia circunscrita a un triángulo

La razón dada por el teorema del seno entre los lados del triángulo y el seno de los ángulos opuestos es igual al diámetro de la circunferencia circunscrita al triángulo.

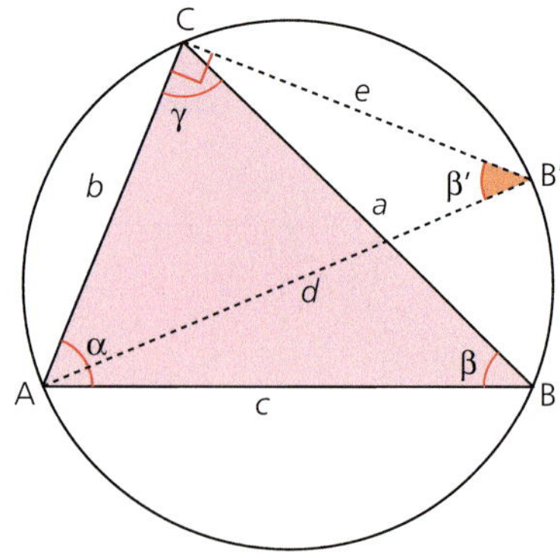

Sea la circunferencia circunscrita al triángulo $\widehat{ABC}$; se traza desde A un diámetro cuyo punto opuesto será B'. Los ángulos β y β' son iguales, ya que son ángulos inscritos que abarcan el mismo arco. El ángulo que forman los lados *e* y *b* es un ángulo recto, al ser un ángulo inscrito que abarca media circunferencia.

Aplicando el teorema del seno al triángulo $\widehat{AB'C}$, se obtiene que:

$$\frac{b}{\text{sen } \beta'} = \frac{d}{\text{sen } 90°} \Rightarrow \frac{b}{\text{sen } \beta} = \frac{d}{1} \Rightarrow \frac{b}{\text{sen } \beta} = d$$

El diámetro de la circunferencia circunscrita a un triángulo es:

$$\frac{a}{\text{sen } \alpha} = \frac{b}{\text{sen } \beta} = \frac{c}{\text{sen } \gamma} = d$$

Área de un triángulo en función de sus lados y el radio de su circunferencia circunscrita

El área de un triángulo es igual a la mitad del producto de su base por su altura:

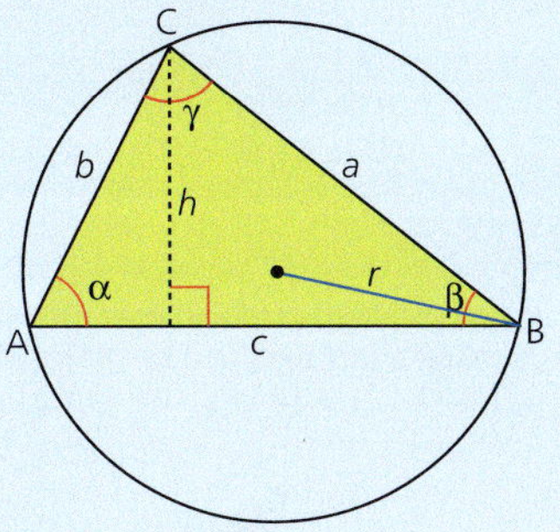

$$A = \frac{c \cdot h}{2}$$

1 Utilizando razones trigonométricas para calcular la altura, *h*, se tiene que:

$$A = \frac{c \cdot h}{2} = \frac{c \cdot a \cdot \text{sen}\,\beta}{2} \quad (1)$$

2 Por la relación del teorema del seno con el radio de la circunferencia circunscrita:

$$\frac{b}{\text{sen}\,\beta} = d \Rightarrow \text{sen}\,\beta = \frac{b}{d} \Rightarrow \text{sen}\,\beta = \frac{b}{2 \cdot r} \quad (2)$$

3 Sustituyendo en (1) la expresión (2) se tiene:

$$A = \frac{c \cdot h}{2} = \frac{c \cdot a \cdot \text{sen}\,\beta}{2} \Rightarrow A = \frac{c \cdot h}{2} = \frac{c \cdot a \cdot b}{2 \cdot 2 \cdot r} \Rightarrow A = \frac{c \cdot a \cdot b}{4 \cdot r}$$

ACTIVIDAD RESUELTA

Halla el lado y los ángulos desconocidos de un triángulo dos de cuyos lados son $a = 10$ cm y $b = 8$ cm, y en el que el ángulo opuesto al lado *a* mide 40°.

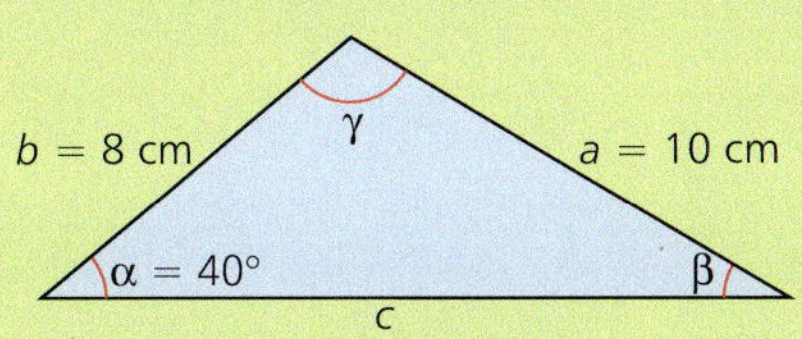

Se halla el ángulo β con el teorema del seno:

$$\frac{a}{\text{sen}\,\alpha} = \frac{b}{\text{sen}\,\beta} \Rightarrow \frac{10}{\text{sen}\,40°} = \frac{8}{\text{sen}\,\beta} \Rightarrow$$

$$\text{sen}\,\beta = \frac{8 \cdot \text{sen}\,40°}{10} \Rightarrow \beta = 30{,}95°$$

Se calcula el ángulo que nos queda:

$$\gamma = 180° - (40° + 30{,}95°) = 109{,}05°$$

Se vuelve a utilizar el teorema del seno para hallar el lado restante:

$$\frac{a}{\text{sen}\,\alpha} = \frac{c}{\text{sen}\,\gamma} \Rightarrow \frac{10}{\text{sen}\,40°} = \frac{c}{\text{sen}\,109{,}05°} \Rightarrow$$

$$c = \frac{10 \cdot \text{sen}\,109{,}05°}{\text{sen}\,40°} \Rightarrow c = 14{,}71 \text{ cm}$$

ACTIVIDADES

4 Resuelve el triángulo que tiene dos ángulos de 35° y 61°, respectivamente, y en el que el lado opuesto al ángulo de 61° mide 12 cm.

5 Calcula el área y el perímetro de un triángulo dos de cuyos lados miden 11 cm y 15 cm, respectivamente, y en el que el ángulo opuesto al lado de 15 cm mide 65°.

6 Halla la longitud de una circunferencia circunscrita a un triángulo isósceles cuyo lado desigual mide 15 cm y en el que el ángulo opuesto a dicho lado vale 20°.

7 Una circunferencia de 4 cm de radio tiene inscrito un triángulo dos de cuyos lados miden 7,1 cm y 7,4 cm, respectivamente.

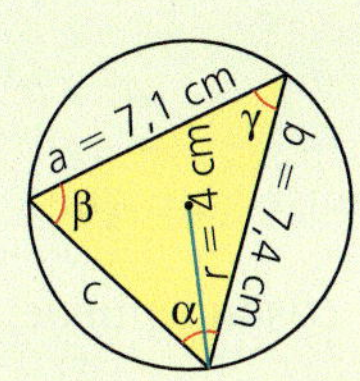

a. ¿Cuánto miden los elementos desconocidos del triángulo?

b. ¿Cuál es su perímetro? ¿Y su área?

03 Teorema del coseno

Consideremos un triángulo cualquiera, $\widehat{ABC}$, y veamos la relación existente entre el coseno de los ángulos y los lados del triángulo.

Dicha relación la establece el teorema del coseno.

Teorema del coseno. En un triángulo cualquiera, el cuadrado de un lado es igual a la suma de los cuadrados de los otros lados menos el doble del producto de dichos lados por el coseno del ángulo que forman. Es decir:

$$a^2 = b^2 + c^2 - 2 \cdot b \cdot c \cdot \cos\alpha$$

$$b^2 = a^2 + c^2 - 2 \cdot a \cdot c \cdot \cos\beta$$

$$c^2 = a^2 + b^2 - 2 \cdot a \cdot b \cdot \cos\gamma$$

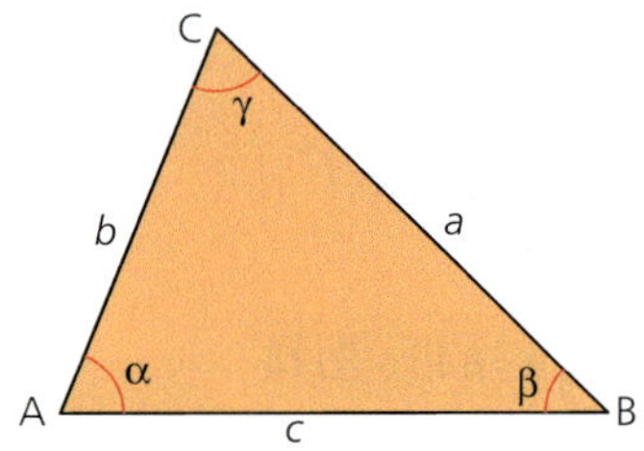

Para demostrarlo, consideremos el triángulo $\widehat{ABC}$ del margen.

1 Se traza la altura, h, desde C a su lado opuesto, c, y se forman, así, dos triángulos rectángulos:

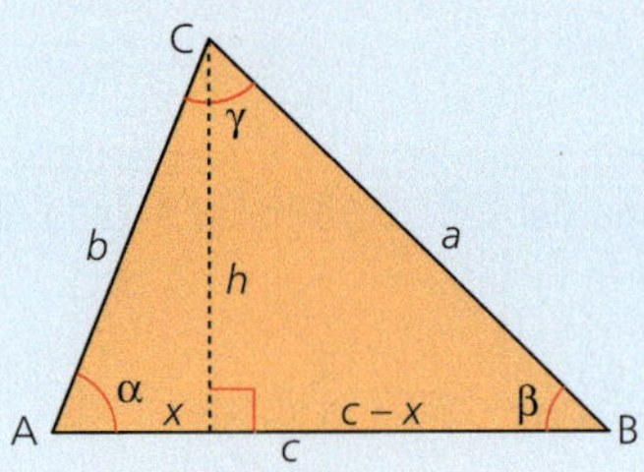

2 Se aplica el teorema de Pitágoras en los dos triángulos y se sustituye una ecuación en otra:

$$b^2 = h^2 + x^2 \text{ y } a^2 = h^2 + (c - x)^2$$

$$b^2 = h^2 + x^2 \Rightarrow h^2 = b^2 - x^2$$

$$a^2 = h^2 + (c - x)^2$$

$$a^2 = b^2 - x^2 + c^2 + x^2 - 2 \cdot c \cdot x$$

$$a^2 = b^2 + c^2 - 2 \cdot c \cdot x \quad (1)$$

3 Se utiliza el coseno de α para hallar x:

$$\cos\alpha = \frac{x}{b} \Rightarrow x = b \cdot \cos\alpha \quad (2)$$

4 Se sustituye en (1) la expresión (2):

$$a^2 = b^2 + c^2 - 2 \cdot c \cdot x$$

$$a^2 = b^2 + c^2 - 2 \cdot c \cdot b \cdot \cos\alpha$$

Si se aplica el mismo razonamiento al resto de alturas del triángulo, se obtienen las distintas expresiones:

$$b^2 = a^2 + c^2 - 2 \cdot a \cdot c \cdot \cos\beta \qquad c^2 = a^2 + b^2 - 2 \cdot a \cdot b \cdot \cos\gamma$$

Teorema de Pitágoras generalizado

El teorema de Pitágoras se puede generalizar para todo tipo de triángulos. Esto es una consecuencia directa del teorema del coseno.

El **teorema generalizado de Pitágoras** relaciona los tres lados de un triángulo:

$$\mathbf{a^2 = b^2 + c^2 - 2 \cdot c \cdot x}$$

Hay que tener en cuenta aquí que x es la proyección del lado b sobre el lado c.

Con el teorema del coseno puede expresarse esta igualdad de la siguiente forma:

$$a^2 = b^2 + c^2 - 2 \cdot b \cdot c \cdot \cos\alpha$$

El teorema generalizado de Pitágoras permite discriminar el tipo de triángulo de que se trate en cada caso según sus ángulos.

Teorema de Pitágoras generalizado: $a^2 = b^2 + c^2 - 2 \cdot c \cdot x$ donde a es el lado mayor

Triángulo rectángulo

$x = 0 \Rightarrow \alpha = 90°$

Teorema de Pitágoras: $a^2 = b^2 + c^2$

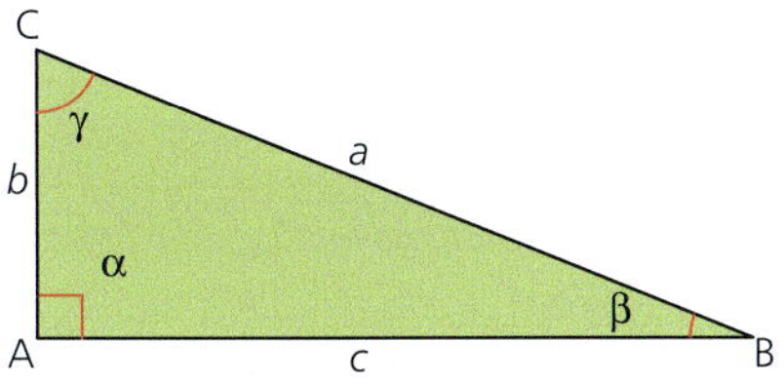

Triángulo acutángulo

$x > 0 \Rightarrow \alpha < 90°$

Teorema de Pitágoras: $a^2 < b^2 + c^2$

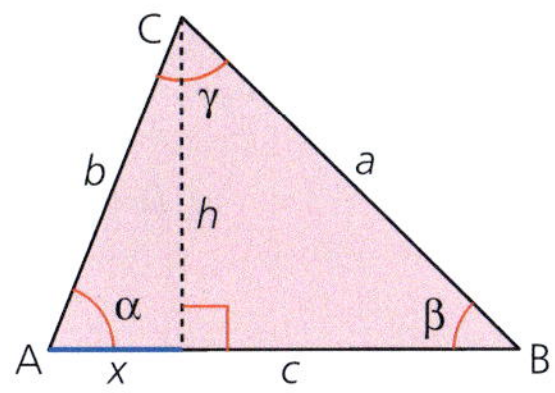

Triángulo obtusángulo

$x < 0 \Rightarrow \alpha > 90°$

Teorema de Pitágoras: $a^2 > b^2 + c^2$

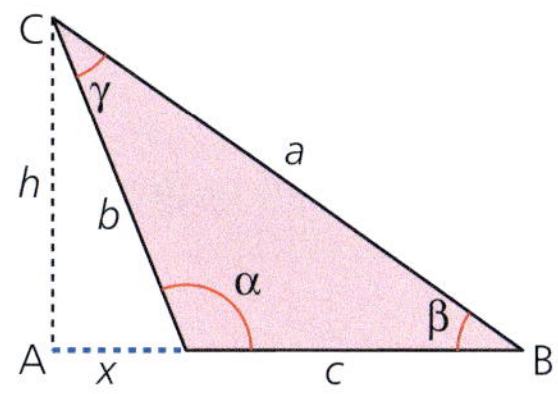

ACTIVIDAD RESUELTA

Halla los lados y ángulos desconocidos de un triángulo que tiene dos lados, $a = 6$ cm y $b = 8$ cm, que forman un ángulo de 70°. ¿De qué tipo de triángulo se trata según sus ángulos?

Se calcula el lado que falta mediante el teorema del coseno:

$$c^2 = a^2 + b^2 - 2 \cdot a \cdot b \cdot \cos\gamma$$

$$c^2 = 6^2 + 8^2 - 2 \cdot 6 \cdot 8 \cdot \cos 70° = 67{,}17 \Rightarrow$$
$$\Rightarrow c = \sqrt{67{,}17} \Rightarrow c = 8{,}2 \text{ cm}$$

De nuevo, por el teorema del coseno se calcula uno de los ángulos desconocidos:

$$a^2 = b^2 + c^2 - 2 \cdot b \cdot c \cdot \cos\alpha \Rightarrow$$

$$\Rightarrow 6^2 = 8^2 + 8{,}2^2 - 2 \cdot 8 \cdot 8{,}2 \cdot \cos\alpha \Rightarrow$$

$$\Rightarrow 36 = 131{,}24 - 131{,}2 \cdot \cos\alpha \Rightarrow \alpha = 43{,}46°$$

Utilizando el teorema de Pitágoras generalizado, y llamando a al lado mayor:

$$\left.\begin{aligned} a^2 &= 8{,}2^2 = 67{,}24 \text{ cm}^2 \\ b^2 + c^2 &= 6^2 + 8^2 = 100 \text{ cm}^2 \end{aligned}\right\} \Rightarrow a^2 < b^2 + c^2$$

De este modo, el triángulo es acutángulo.

ACTIVIDADES

8 Resuelve los siguientes triángulos:

a.

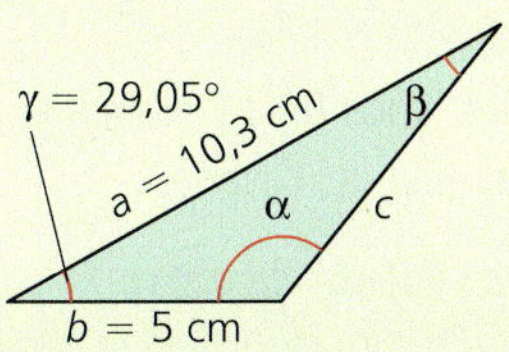

b.

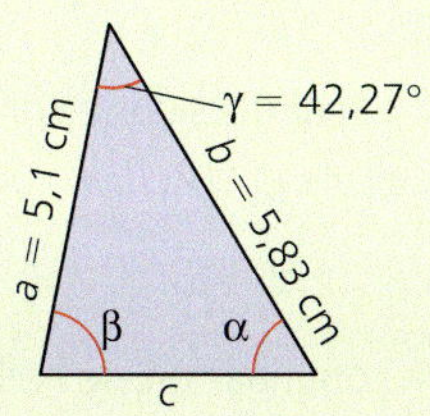

9 Indica, mediante el teorema de Pitágoras generalizado, qué tipo de triángulos son los siguientes según sus ángulos:

a. Triángulo cuyos lados miden 4,92 cm, 7 cm y 9,9 cm.

b. Triángulo cuyos lados miden 8,6 cm, 9,62 cm y 5,83 cm.

10 Considera el romboide de la figura.

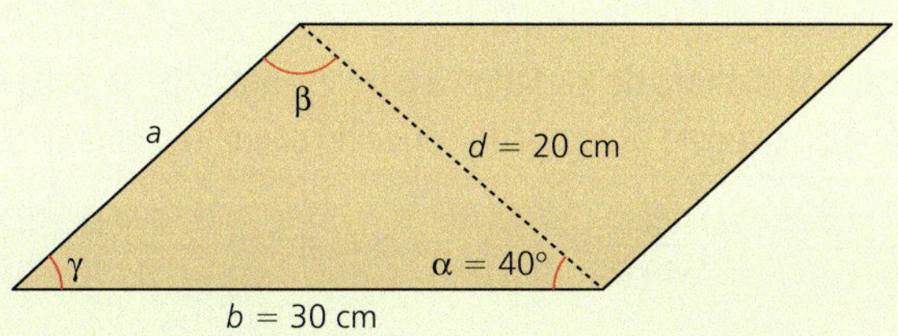

a. ¿Cuál es su perímetro?

b. ¿Cuánto miden sus ángulos?

11 Un triángulo tiene un ángulo de 50°, y los lados que forman dicho ángulo miden 12 cm y 16 cm, respectivamente. ¿Cuánto miden los ángulos y el lado restante?

04 Resolución de triángulos no rectángulos

Para la resolución de triángulos rectángulos, se necesitaban tan solo dos datos, ya que uno de los ángulos es conocido (90°). La resolución de triángulos no rectángulos, sin embargo, requiere al menos tres datos, uno de los cuales ha de ser necesariamente uno de los tres lados.

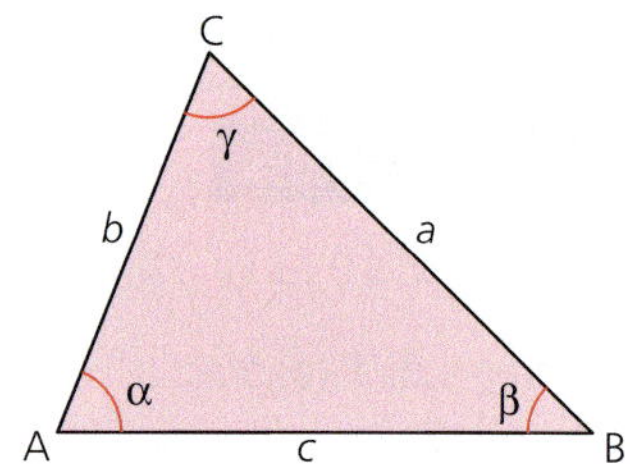

En la resolución de un triángulo no rectángulo se utilizan las razones trigonométricas y los teoremas del seno y del coseno.

A partir de los tres lados

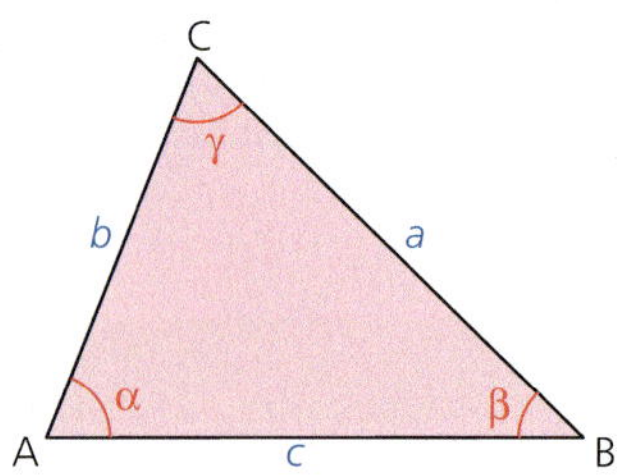

Se conocen los lados *a*, *b* y *c*. En este caso, se calculan los ángulos mediante el teorema del coseno:

$$a^2 = b^2 + c^2 - 2 \cdot b \cdot c \cdot \cos\alpha \Rightarrow \alpha = \arccos\frac{b^2 + c^2 - a^2}{2 \cdot b \cdot c}$$

Del mismo modo:

$$\beta = \arccos\frac{a^2 + c^2 - b^2}{2 \cdot a \cdot c} \qquad \gamma = 180° - (\alpha + \beta)$$

A partir de un lado y dos ángulos cualesquiera

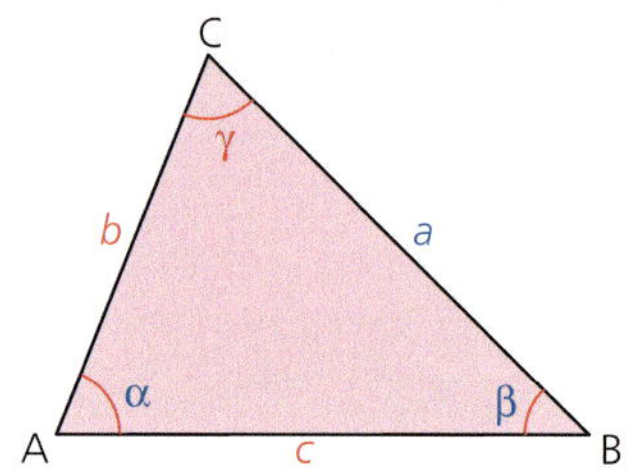

Supongamos que son conocidos los ángulos α y β, así como el lado *a*. Se halla el ángulo restante, $\gamma = 180° - (\alpha + \beta)$, y se calculan los lados mediante el teorema del seno:

$$\frac{a}{\operatorname{sen}\alpha} = \frac{b}{\operatorname{sen}\beta} \Rightarrow b = \frac{a \cdot \operatorname{sen}\beta}{\operatorname{sen}\alpha}$$

$$\frac{a}{\operatorname{sen}\alpha} = \frac{c}{\operatorname{sen}\gamma} \Rightarrow c = \frac{a \cdot \operatorname{sen}\gamma}{\operatorname{sen}\alpha}$$

A partir de dos lados y el ángulo opuesto a uno de ellos

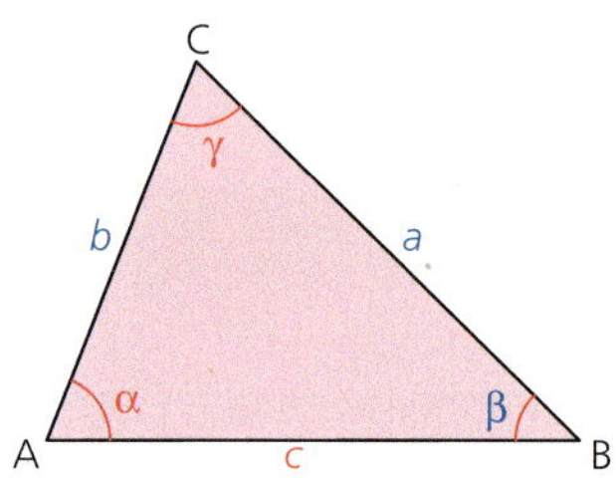

Partamos ahora de los lados *a* y *b* y el ángulo β. Se halla el ángulo opuesto al otro lado conocido con el teorema del seno:

$$\frac{a}{\operatorname{sen}\alpha} = \frac{b}{\operatorname{sen}\beta} \Rightarrow \alpha = \operatorname{arcsen}\frac{a \cdot \operatorname{sen}\beta}{b}$$

Se calcula el otro ángulo:

$$\gamma = 180° - (\alpha + \beta)$$

Mediante el teorema del seno se determina el lado que falta:

$$\frac{a}{\operatorname{sen}\alpha} = \frac{c}{\operatorname{sen}\gamma} \Rightarrow c = \frac{a \cdot \operatorname{sen}\gamma}{\operatorname{sen}\alpha}$$

A partir de dos lados y el ángulo comprendido entre ellos

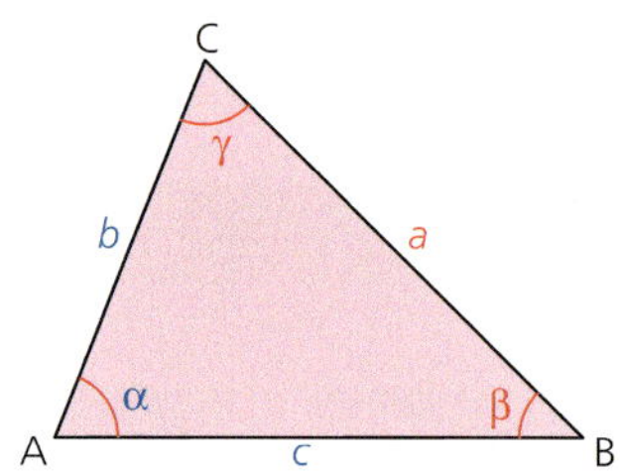

En esta ocasión se conocen los lados *b* y *c* y el ángulo α. Se calcula el otro lado con el teorema del coseno:

$$a = \sqrt{b^2 + c^2 - 2 \cdot b \cdot c \cdot \cos\alpha}$$

A continuación, se halla uno de los ángulos mediante el teorema del seno:

$$\frac{a}{\operatorname{sen}\alpha} = \frac{b}{\operatorname{sen}\beta} \Rightarrow \beta = \operatorname{arcsen}\frac{b \cdot \operatorname{sen}\alpha}{a}$$

Finalmente, se averigua el tercer ángulo:

$$\gamma = 180° - (\alpha + \beta)$$

ACTIVIDADES RESUELTAS

1 Resuelve el triángulo cuyos lados miden 6 cm, 5 cm y 10 cm.

$$\alpha = \arccos \frac{5^2 + 10^2 - 6^2}{2 \cdot 5 \cdot 10} = \arccos 0{,}89 = 27{,}13°$$

$$\beta = \arccos \frac{6^2 + 10^2 - 5^2}{2 \cdot 6 \cdot 10} = \arccos 0{,}925 = 22{,}33°$$

$$\gamma = 180° - (\alpha + \beta) = 180° - (27{,}13° + 22{,}33°) = 130{,}54°$$

2 Resuelve el triángulo que tiene un ángulo de 30° y otro de 78°, así como un lado de 10 cm opuesto al ángulo de 30°.

$$\gamma = 180° - (\alpha + \beta) = 180° - (30° + 78°) = 72°$$

$$b = \frac{a \cdot \text{sen}\,\beta}{\text{sen}\,\alpha} = \frac{10 \cdot \text{sen}\,78°}{\text{sen}\,30°} = 19{,}56 \text{ cm} \Rightarrow b = 19{,}56 \text{ cm}$$

$$c = \frac{a \cdot \text{sen}\,\gamma}{\text{sen}\,\alpha} = \frac{10 \cdot \text{sen}\,72°}{\text{sen}\,30°} = 19{,}02 \text{ cm} \Rightarrow c = 19{,}02 \text{ cm}$$

ACTIVIDADES

12 Calcula los ángulos de los triángulos que tienen los siguientes lados:

a. $a = 3{,}48$ cm, $b = 3{,}03$ cm, $c = 4{,}41$ cm

b. $a = 2{,}67$ cm, $b = 5{,}77$ cm, $c = 3{,}98$ cm

c. $a = 2{,}73$ cm, $b = 2{,}6$ cm, $c = 1{,}43$ cm

d. $a = 1{,}67$ cm, $b = 4{,}56$ cm, $c = 3{,}08$ cm

13 Halla los datos desconocidos de los siguientes triángulos, de los que se conoce un lado y dos ángulos:

a.

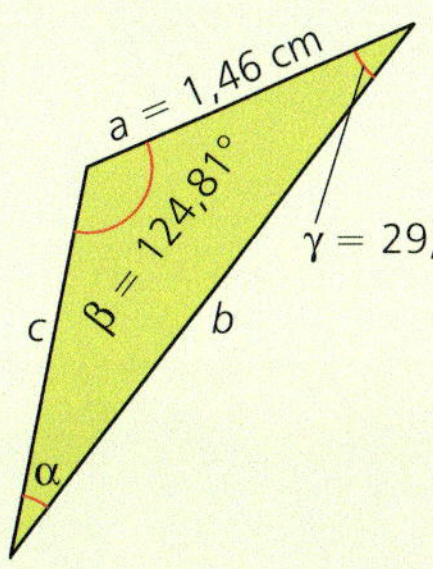

b.

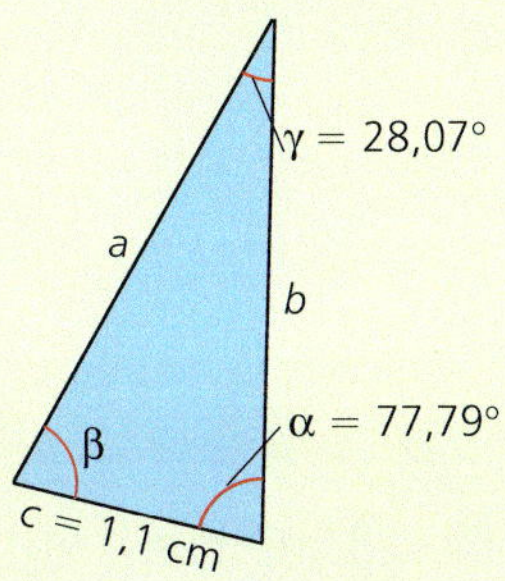

ACTIVIDAD RESUELTA

14 Resuelve el triángulo que tiene un lado de 5 cm y otro de 8 cm y un ángulo de 25° comprendido entre ambos.

Se calcula el otro lado aplicando el teorema del coseno:

$$a = \sqrt{b^2 + c^2 - 2 \cdot b \cdot c \cdot \cos \alpha} =$$

$$= \sqrt{5^2 + 8^2 - 2 \cdot 5 \cdot 8 \cdot \cos 25°} = 4{,}06 \Rightarrow a = 4{,}06 \text{ cm}$$

Se halla uno de los ángulos mediante el teorema del seno:

$$b = \text{arcsen} \frac{5 \cdot \text{sen}\,25°}{4{,}06} = 31{,}36°$$

Y finalmente, se averigua el tercer ángulo:

$$\gamma = 180° - (25° + 31{,}36°) = 123{,}64°$$

15 Halla los ángulos y/o los lados desconocidos de los triángulos que tienen los siguientes elementos:

a. $a = 1{,}61$ cm, $b = 1{,}99$ cm, y el ángulo comprendido entre ambos: $\gamma = 56{,}17°$

b. $b = 2{,}93$ cm, $c = 1{,}96$ cm, y el ángulo opuesto al lado c: $\gamma = 3{,}98$ cm

c. $a = 1{,}92$ cm, $c = 3{,}1$ cm, y el ángulo comprendido entre ambos: $\beta = 39{,}72°$

16 Resuelve los siguientes triángulos aplicando los teoremas estudiados anteriormente:

a.

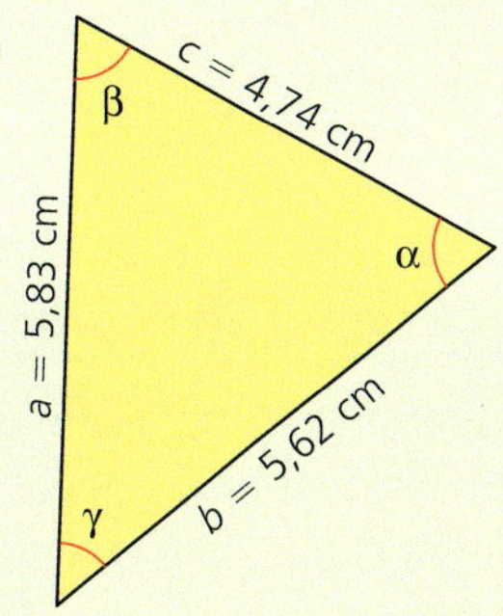

c.

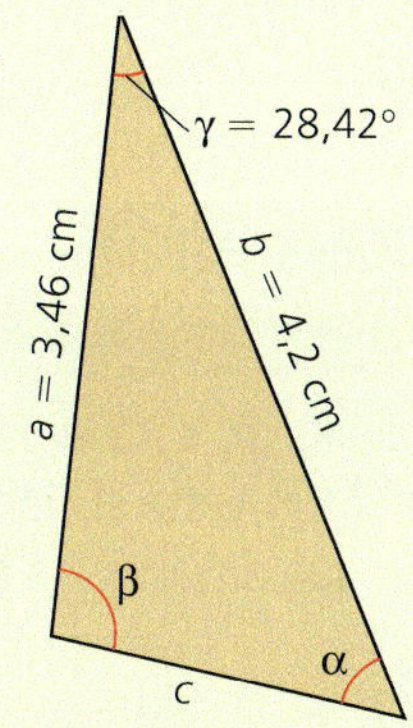

b.

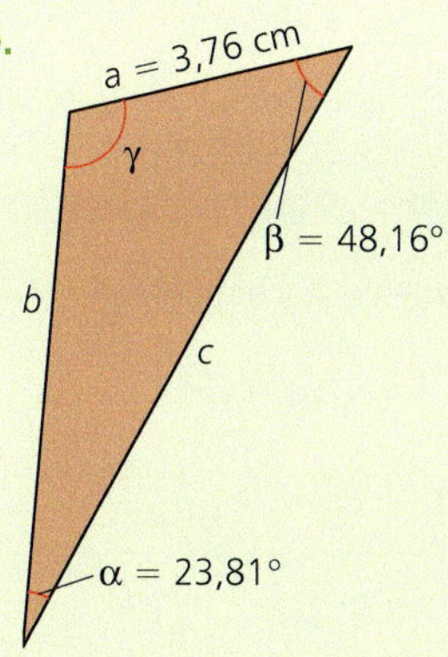

d.

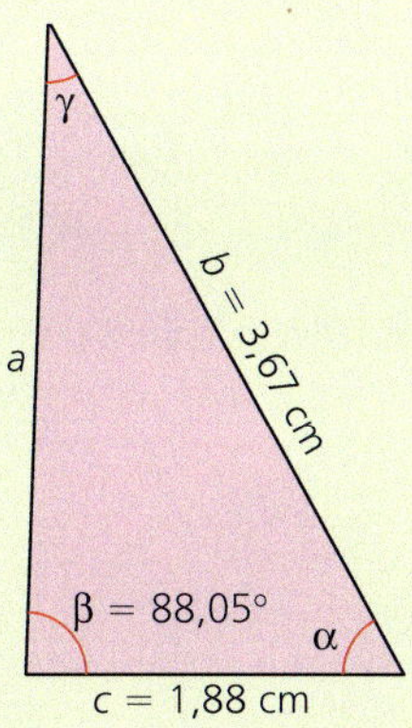

05 Aplicaciones

La resolución de triángulos tiene numerosas aplicaciones sobre todo a la hora de determinar distancias a puntos inaccesibles. Con ayuda de aparatos de medida como el teodolito o el grafómetro, es posible medir ángulos, y, utilizando la trigonometría, se pueden calcular los lados que forman dichos ángulos.

A continuación, vamos a ver distintas aplicaciones de la resolución de triángulos.

ACTIVIDAD RESUELTA

Se quiere medir la altura de un edificio a cuyo pie no se puede acceder. Con ayuda de un teodolito, se realizan las mediciones de los ángulos α, β y δ, como se muestra en la figura del margen. ¿Cuál es la altura del edificio?

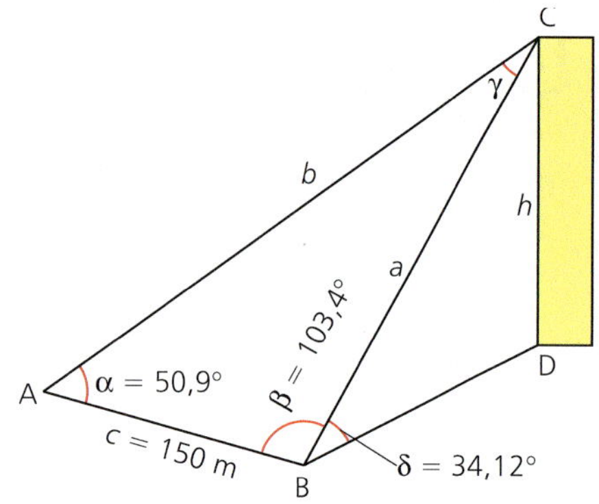

Para hallar la altura, es necesario conocer la longitud *a*.

Primero se determina el ángulo γ:

$$\gamma = 180° - (50{,}9° + 103{,}4°) = 25{,}7°$$

Se halla dicha longitud mediante el teorema del seno:

$$\frac{a}{\text{sen } 50{,}9°} = \frac{150}{\text{sen } 25{,}7°} \Rightarrow a = \frac{150 \cdot \text{sen } 50{,}9°}{\text{sen } 25{,}7°} = 268{,}42 \Rightarrow a = 268{,}43 \text{ m}$$

Se calcula la altura, al ser rectángulo el triángulo $\widehat{BDC}$:

$$\text{sen } \delta = \frac{h}{a} \Rightarrow h = 268{,}43 \cdot \text{sen } 34{,}12° = 150{,}57 \Rightarrow h = 150{,}57 \text{ m}$$

El edificio tiene, pues, 150,57 m de altura.

ACTIVIDAD RESUELTA

Un pueblo, A, está separado por una autopista de otros dos pueblos, B y C, que distan 2 km entre sí. Teniendo en cuenta los ángulos indicados en la figura, determina a qué distancia se encuentra el pueblo A de las otras dos localidades.

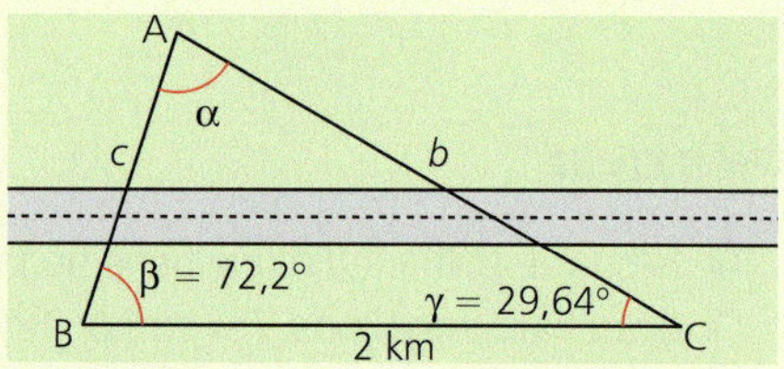

Se calcula el ángulo restante:

$$\alpha = 180° - (72{,}2° + 29{,}64°) = 78{,}16°$$

Se halla la distancia entre el pueblo A y el pueblo B:

$$\frac{c}{\text{sen } 29{,}64°} = \frac{2}{\text{sen } 78{,}16°} \Rightarrow$$

$$\Rightarrow c = \frac{2 \cdot \text{sen } 29{,}64°}{\text{sen } 78{,}16°} = 1{,}01 \Rightarrow$$

$$\Rightarrow c = 1{,}01 \text{ km}$$

Se determina también la distancia entre el pueblo A y el pueblo C:

$$\frac{b}{\text{sen } 72{,}2°} = \frac{2}{\text{sen } 78{,}16°} \Rightarrow$$

$$\Rightarrow b = \frac{2 \cdot \text{sen } 72{,}2°}{\text{sen } 78{,}16°} = 1{,}95 \Rightarrow$$

$$\Rightarrow b = 1{,}95 \text{ km}$$

De este modo, entre el pueblo A y el pueblo B hay 1,01 km, y entre el pueblo A y el pueblo C, 1,95 km.

ACTIVIDAD RESUELTA

Calcula la distancia entre los puntos inaccesibles A y B, a partir de los ángulos dados en la figura del margen.

Se hallan los ángulos α y β:

$$\alpha = 180° - (85° + 60°) = 35° \text{ y } \beta = 180° - (65° + 82°) = 33°$$

Se calculan los lados *a* y *b* con el teorema del seno:

$$\frac{a}{\text{sen } 82°} = \frac{200}{\text{sen } 33°} \Rightarrow a = \frac{200 \cdot \text{sen } 82°}{\text{sen } 33°} = 363{,}64 \Rightarrow a = 363{,}64 \text{ m}$$

$$\frac{b}{\text{sen } 60°} = \frac{200}{\text{sen } 35°} \Rightarrow b = \frac{200 \cdot \text{sen } 60°}{\text{sen } 35°} = 301{,}97 \Rightarrow b = 301{,}97 \text{ m}$$

Aplicando el teorema del coseno, se determina la distancia pedida entre los puntos A y B:

$$c = \sqrt{a^2 + b^2 - 2 \cdot a \cdot b \cdot \cos 20°} =$$

$$= \sqrt{363{,}64^2 + 301{,}97^2 - 2 \cdot 363{,}64 \cdot 301{,}97 \cdot \cos 20°} = 130{,}57 \Rightarrow c = 130{,}57 \text{ m}$$

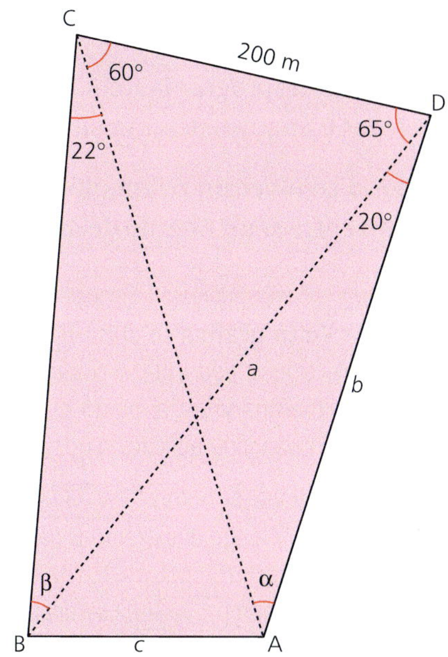

ACTIVIDADES

17 Una persona está en lo alto de un acantilado, que se alza 560 m sobre el nivel del mar. Desde allí visualiza un velero bajo un ángulo de 32°. ¿A qué distancia se encuentra el barco del acantilado?

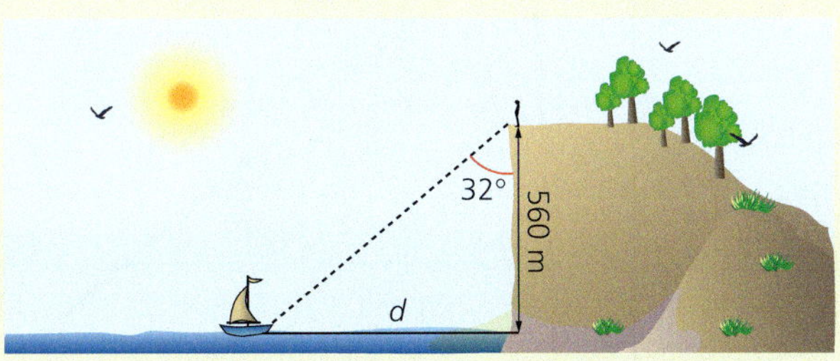

18 Un castillo está rodeado por un foso con agua. Una persona situada en el borde del foso ve la parte alta del castillo con un ángulo de 56,31°, mientras que, si se separa 100 m del foso, el ángulo pasa a ser de 36,87°. ¿Qué longitud tiene que tener el puente del portón de entrada para sortear dicho foso?

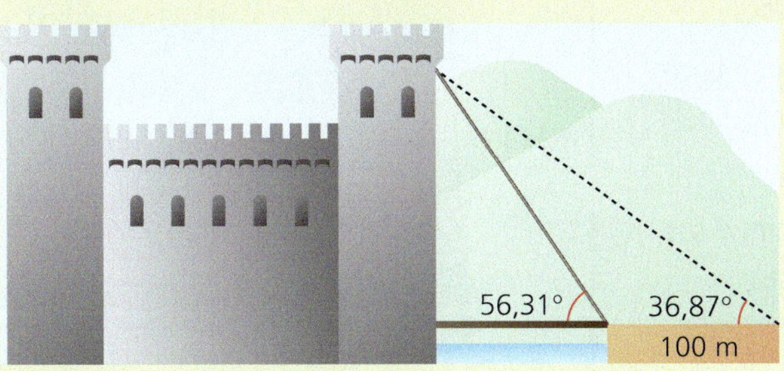

19 Un barco navega 120 km hacia el oeste y luego 160 km hacia el noroeste con un ángulo de 40°. ¿A qué distancia se encuentra del punto de partida?

20 Dos cables fijados al suelo están sujetos a sendos puntos de un poste: uno en el extremo superior del poste y otro situado 5 m más abajo. Los cables miden 24,88 m y 22 m, respectivamente. ¿Cuál es la altura del poste?

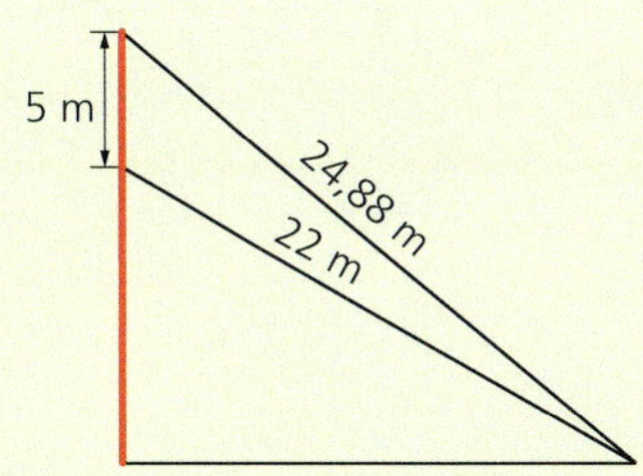

21 Calcula la distancia que hay entre dos cabañas situadas a un lado de un acantilado a partir de los siguientes ángulos tomados desde el otro lado del acantilado:

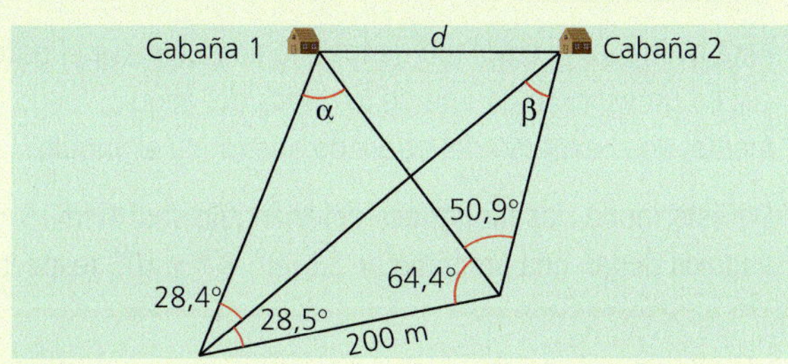

HERRAMIENTAS TECNOLÓGICAS

Resolución de triángulos con GeoGebra

Con ayuda del programa GeoGebra es posible representar triángulos y resolver sus lados y ángulos desconocidos.

Vamos a resolver un triángulo que tiene un lado de 4 cm y otro de 5 cm que forman entre sí un ángulo de 40°.

1. En la **Vista gráfica** se pulsa el botón derecho del ratón, se quitan los *Ejes* y se selecciona *Cuadrícula*. A continuación, se activa el botón de [Segmento de longitud dada] para situarnos sobre el punto donde queremos que esté el extremo del segmento. Cuando la aplicación nos pida la longitud del segmento, tecleamos 4.

   Se selecciona el botón [Ángulo dada su amplitud] y se pulsa, primero, el extremo A del segmento y luego el extremo B para, a continuación, teclear 40° y seleccionar *sentido horario*. Se pulsa *OK*, con lo que se dibuja el punto A'. Luego se selecciona la opción [Semirrecta] y se unen los puntos B y A' a fin de dibujar la semirrecta que se necesita.

   Se traza una circunferencia de centro B y radio 5 con el botón [Circunferencia (centro, radio)] y se establece la intersección entre la semirrecta que une B con A', con lo que se obtiene el punto C.

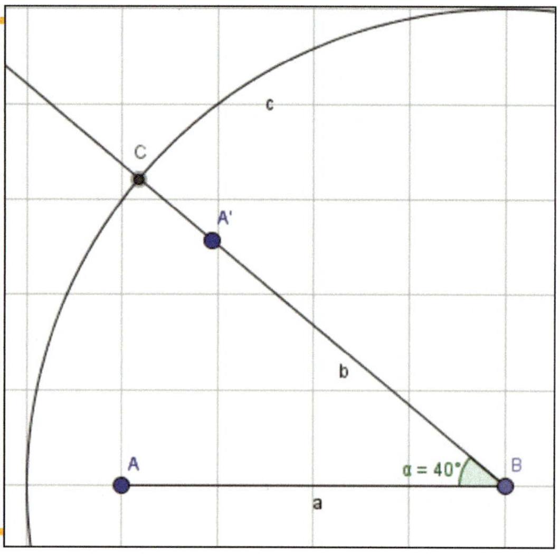

2. Se oculta tanto la semirrecta como la circunferencia y el punto A'.

   Se quita la opción [Mostrar/ocultar etiqueta] para eliminar la etiqueta del segmento AB.

   Con la opción [Polígono] se unen los puntos A, B y C y se obtiene, así, el triángulo buscado.

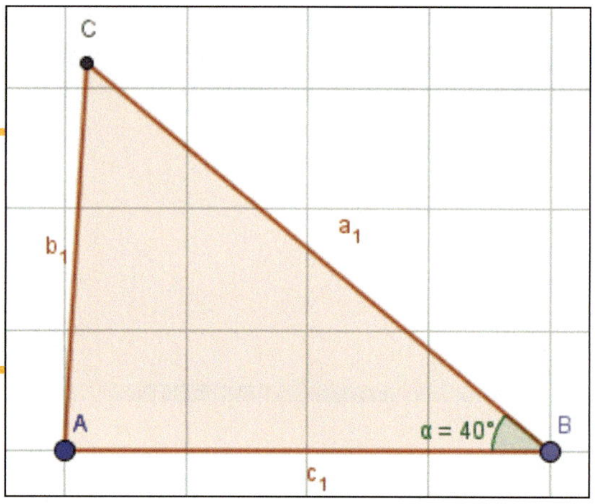

3. Para conocer la longitud de cada uno de los lados, hay que seleccionar el botón [Distancia o Longitud] y hacer clic en cada una de las etiquetas de los lados.

   Para averiguar la amplitud de los ángulos, se pulsa el botón [Ángulo] y se hace clic en un extremo de uno de los lados del ángulo, luego en el vértice y, finalmente, en el extremo del otro lado que forma el ángulo.

   De este modo, las longitudes del triángulo son 4 cm, 5 cm y 3,22 cm, y sus ángulos tienen una amplitud de 53,03°, 87° y 40°, respectivamente.

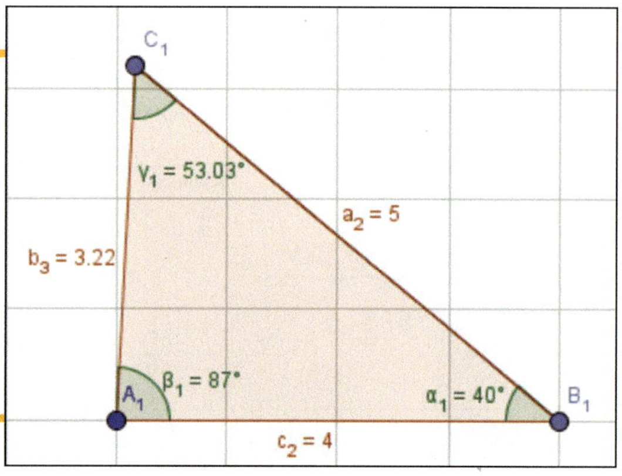

APRENDO A APRENDER

Copia, completa e ilustra en tu cuaderno el siguiente mapa conceptual y después contesta a las preguntas. También lo puedes realizar en el ordenador con el programa **CmapTools.**

RESOLUCIÓN DE TRIÁNGULOS

se distingue entre

Triángulos rectángulos

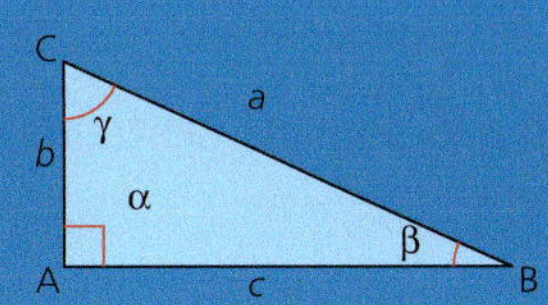

se resuelve utilizando

- Razones trigonométricas
- Teorema de Pitágoras
- .....
- .....

Triángulos no rectángulos

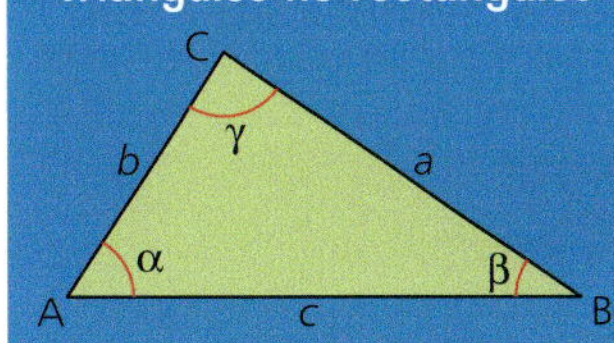

se resuelve utilizando

- ..... $\dfrac{a}{\text{sen}\,\alpha} = \dfrac{b}{\text{sen}\,\beta} = \dfrac{c}{\text{sen}\,\gamma}$
- ..... $a^2 = b^2 + c^2 - 2 \cdot b \cdot c \cdot \cos \alpha$
  $b^2 = a^2 + c^2 - 2 \cdot a \cdot c \cdot \cos \beta$
  $c^2 = a^2 + b^2 - 2 \cdot a \cdot b \cdot \cos \gamma$

tipos de triángulo (donde *a* es el lado mayor)

.....	Rectángulo	Obtusángulo
$a^2 < b^2 + c^2$	.....	.....

ACTIVIDADES

1 ¿Qué utilizarías para resolver un triángulo rectángulo conociendo dos de sus lados?

2 ¿Cómo averiguarías los lados desconocidos de un triángulo rectángulo a partir de un ángulo y uno de sus lados?

3 Contesta a las siguientes preguntas:

a. ¿Cuántos elementos de un triángulo debes conocer como mínimo para resolverlo?

b. ¿Y si se trata de un triángulo rectángulo? ¿Por qué?

4 ¿Qué relación existe entre los elementos de un triángulo y su circunferencia circunscrita?

5 Indica cómo saber si un triángulo es rectángulo, acutángulo u obtusángulo a partir de la longitud de sus lados.

6 Indica cómo hallar los elementos desconocidos de un triángulo del que conocemos:

a. Sus tres lados.

b. Dos lados y el ángulo comprendido entre ellos.

c. Dos lados y el ángulo opuesto a uno de ellos.

7 Prepara una presentación digital para tus compañeros sobre posibles aplicaciones de la resolución de triángulos. Puedes hacer un documento PowerPoint, usar Glogster…

REPASO FINAL

RESOLUCIÓN DE TRIÁNGULOS RECTÁNGULOS

1 Resuelve los siguientes triángulos rectángulos:

a. Sus lados miden 20 cm, 21 cm y 29 cm.

b. Tiene un cateto de 3 cm y un ángulo de 20°.

c. Tiene una hipotenusa de 10 cm y un ángulo de 50°.

2 Elena vive en la calle Estrella, y Pilar, en la calle Planeta. Las dos calles tienen una disposición perpendicular, como puede verse en la figura.

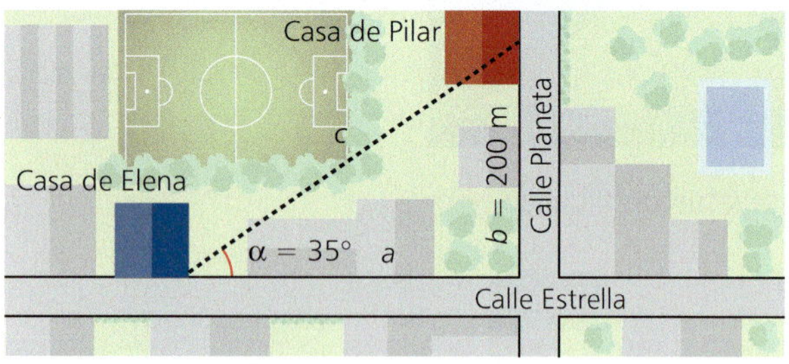

a. ¿Cuántos metros debe recorrer Elena para llegar a casa de Pilar?

b. ¿Cuántos recorrería si pudiera ir en línea recta de su casa a la de su amiga?

c. ¿Cuánto tiempo tardaría en ambos casos si caminase a una velocidad de 5 km/h?

TEOREMA DEL SENO

3 Halla la longitud del lado b en los siguientes triángulos:

a.

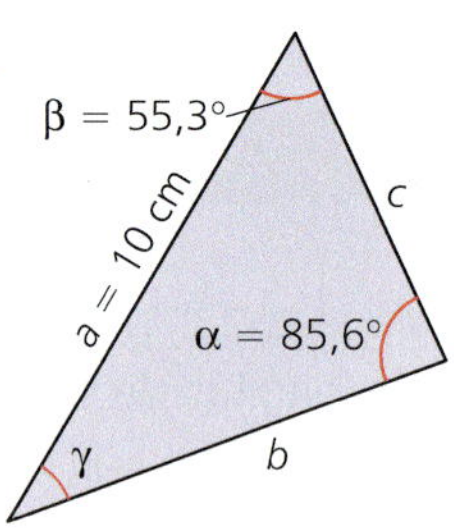

b.

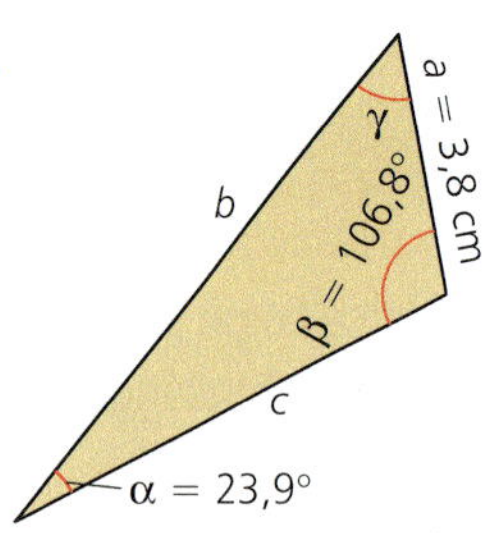

4 Calcula el radio de la circunferencia circunscrita al triángulo que tiene un lado de 12 cm cuyo ángulo opuesto tiene una apertura de 75°.

5 El radio de la circunferencia circunscrita de un triángulo mide 6 cm.

a. ¿Cuánto miden sus lados si el ángulo opuesto a uno de ellos es de 25° y otro de los ángulos mide 40°?

b. ¿Y qué apertura tiene el otro ángulo?

TEOREMA DEL COSENO

6 Calcula la longitud del lado a en los siguientes triángulos:

a.

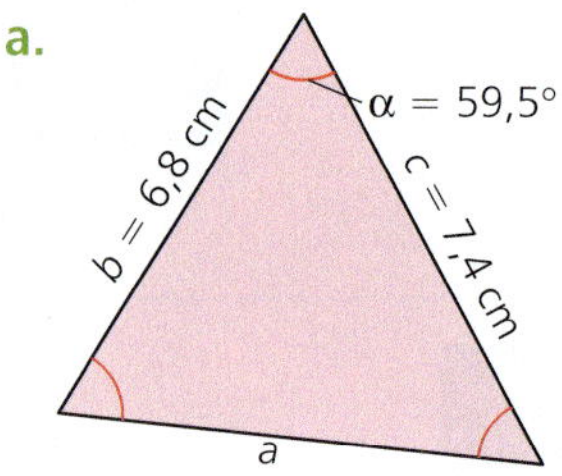

b.

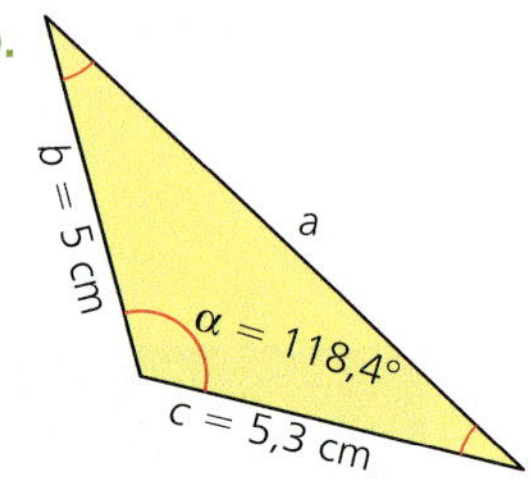

7 Indica cómo son según sus ángulos los triángulos que tienen los siguientes lados:

a. $a = 5$ cm, $b = 16$ cm y $c = 15$ cm

b. $a = 22$ cm, $b = 20$ cm y $c = 26$ cm

c. $a = 77$ cm, $b = 85$ cm y $c = 36$ cm

RESOLUCIÓN DE TRIÁNGULOS NO RECTÁNGULOS

8 Resuelve estos triángulos:

a.

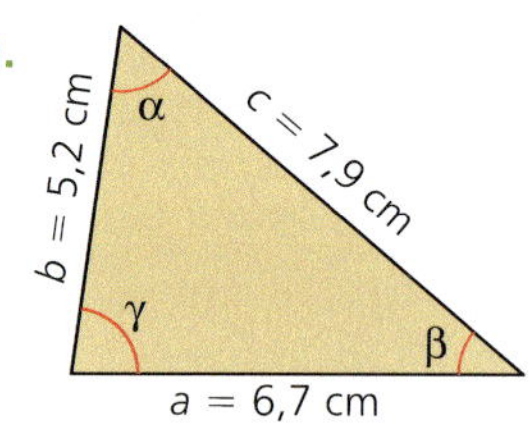

c.

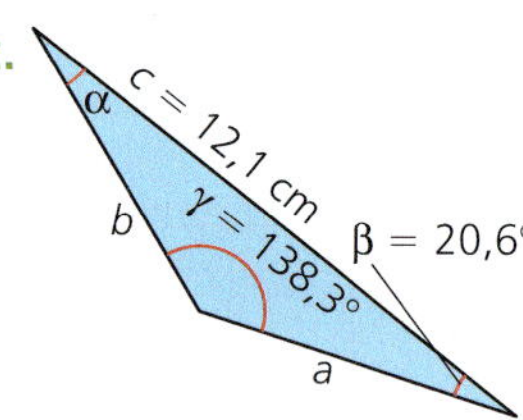

b.

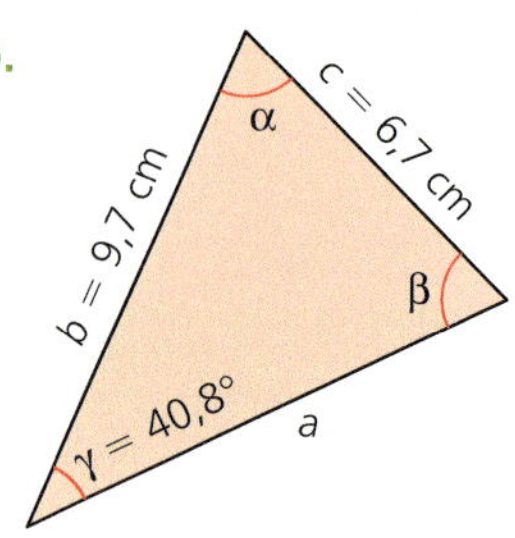

d.

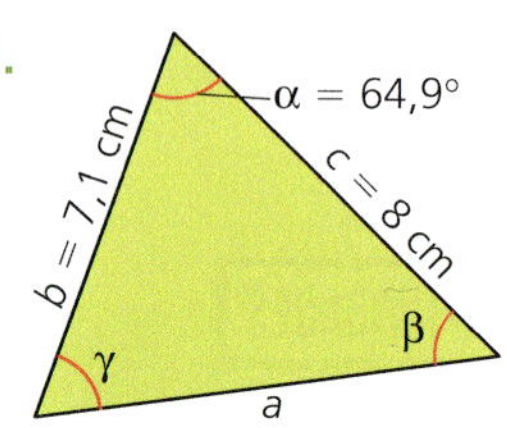

APLICACIONES

9 ⊕ Desde la orilla de un río se ve un árbol en lo alto de una pared de piedra. Calcula la altura del árbol con los datos del siguiente dibujo:

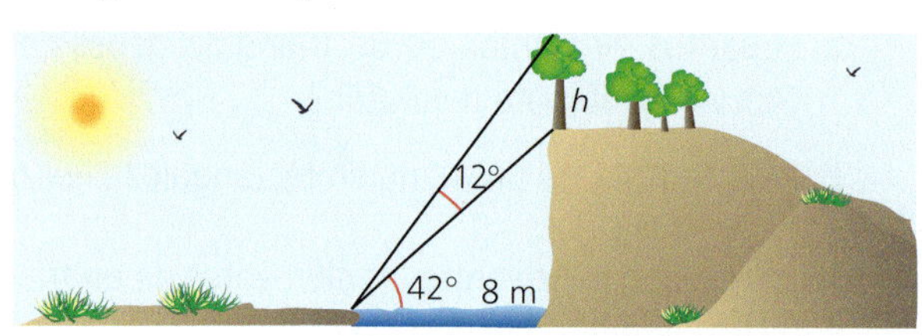

EVALUACIÓN

10 En un mapa se representan las siguientes poblaciones:

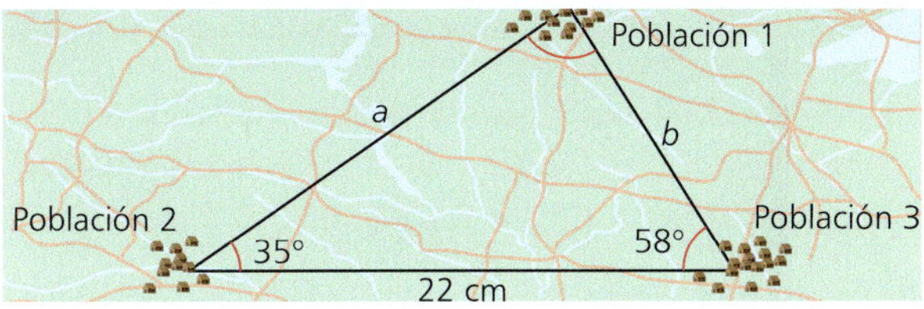

a. ¿Qué distancia hay en el mapa entre la población 1 y las poblaciones 2 y 3?

b. Si el mapa está realizado a escala 1:9 000, ¿cuál es la distancia real entre las tres poblaciones?

11 Halla el perímetro y el área de la figura propuesta.

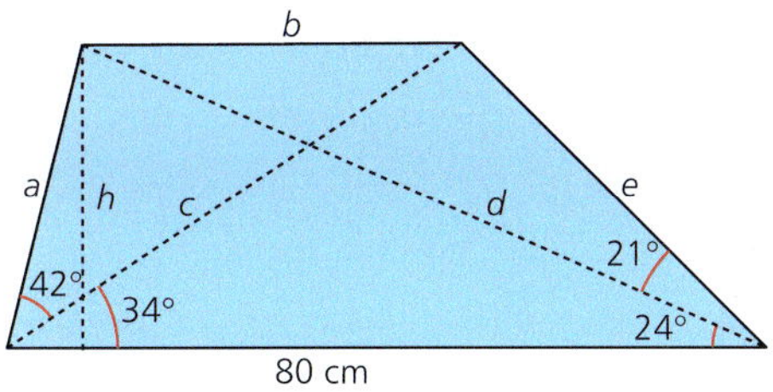

12 A las manos de Felipe ha llegado el mapa de un tesoro escondido.

Si en lugar de recorrer el camino indicado en el mapa pudiera ir en línea recta desde el punto A al punto B, ¿cuántos metros recorrería?

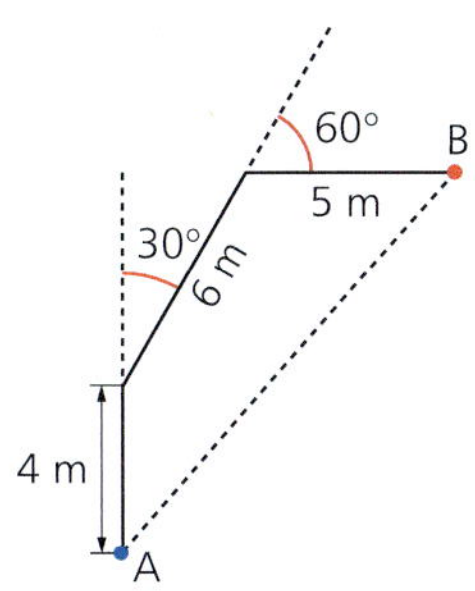

13 Miguel es propietario de una parcela de tierra de forma circular de 20 hm de diámetro. Quiere plantar pinos que ocupen un triángulo como el de la figura.

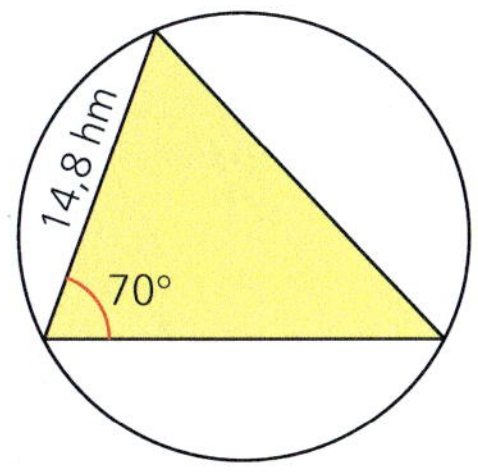

a. ¿Qué área tendrá el pinar?

b. ¿Qué área permanecerá sin plantar?

14 Las casas de cuatro amigas están separadas como se indica en la figura. Calcula la distancia que hay entre las viviendas de cada una de las amigas.

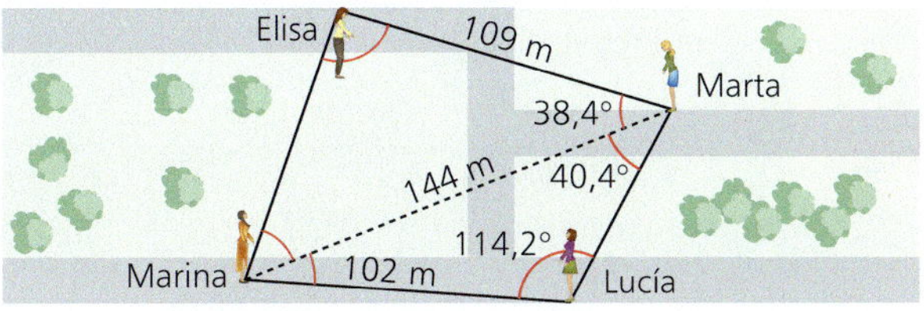

1 La longitud de la hipotenusa de un triángulo rectángulo que tiene un ángulo agudo de 33,7° cuyo lado opuesto mide 12 cm es:

a. 10 cm b. 18 cm c. 6,7 cm d. 21,6 cm

2 Dos de los lados de un triángulo miden 6 cm y 8 cm, y el ángulo opuesto al lado de 6 cm es de 35°. La longitud del lado restante es:

a. 12,11 cm b. 10,42 cm c. 8,33 cm d. 23,66 cm

3 Un triángulo tiene un lado de 6 cm y otro de 8 cm. Si el triángulo es obtusángulo, la medida del tercer lado es:

a. 5 cm b. 10 cm c. 7 cm d. 9 cm

4 La medida del radio de la circunferencia circunscrita al triángulo cuyos lados miden 14 cm, 12 cm y 7 cm es:

a. 10 cm b. 8 cm c. 9 cm d. 7 cm

5 De un triángulo se conocen dos de sus lados, uno de 8 cm y otro 9 cm, y el ángulo comprendido entre ellos, de 50°. El lado desconocido mide:

a. 7,24 cm b. 15,44 cm c. 15,92 cm d. 6,92 cm

6 Un triángulo isósceles tiene un ángulo de 50°, cuyo lado opuesto mide 10 cm. Los lados iguales miden:

a. 9 cm b. 8,56 cm c. 11,83 cm d. 12 cm

7 La cima de una montaña se ve desde cierta distancia con un ángulo de 60°. Si nos alejamos 10 m más, se ve con un ángulo de 45°. La altura de la montaña es:

a. 34,55 m b. 23,66 m c. 13,27 m d. 20,66 m

8 El área de un triángulo obtusángulo que tiene un ángulo de 105° y otro de 20°, y cuyo lado mayor mide 15 cm es:

a. 32,62 cm^2 b. 50,73 cm^2 c. 71,23 cm^2 d. 65,24 cm^2

9 El tercer lado de un triángulo que tiene un lado de 3 cm y un segundo lado de 8 cm cuyo ángulo opuesto es de 30° mide:

a. 10,46 cm b. 13,66 cm c. 15,99 cm d. 18,45 cm

10 El número de triángulos con ángulos de 65°, 37° y 78° es:

a. Ninguno. b. Infinitos. c. Dos. d. Uno.

DIARIO DE APRENDIZAJE

¿Cuáles de las dificultades que preveía al principio de la unidad he encontrado realmente?

09 Geometría analítica

¿Qué relación encuentro entre esta unidad y mi entorno más cercano?

Según las posiciones que tengan entre sí, las rectas pueden ser perpendiculares, paralelas o secantes. ¿Reconocéis esas posiciones en las imágenes de estas páginas? Exponedlo en clase.

01 Vectores en el plano

Las magnitudes expresadas mediante un número y una unidad se denominan **magnitudes escalares.** Ahora bien, para expresar algunas magnitudes, es preciso conocer, además, su dirección y su sentido. Dichas magnitudes se denominan **magnitudes vectoriales** y se representa mediante **vectores.**

Un vector fijo de origen A y extremo B es el segmento orientado que va de A a B y se representa por $\overrightarrow{AB}$.

Supóngase un vector fijo con origen en A (x_1, y_1) y cuyo extremo es B (x_2, y_2); las **coordenadas** o **componentes** de dicho vector fijo, u_1 y u_2, se obtienen restando a las coordenadas del extremo las del origen:

$$\vec{u} = \overrightarrow{AB} = (x_2 - x_1, y_2 - y_1) = (u_1, u_2)$$

Los **elementos** de un **vector** son:

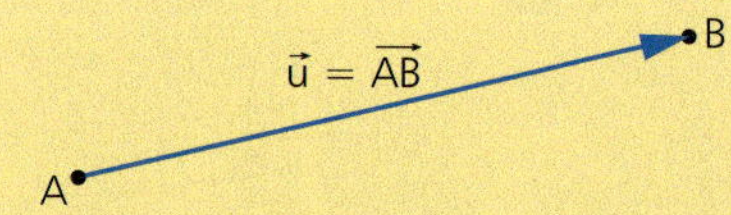

Los vectores se indican con una letra minúscula encima de la cual se coloca una flecha.

Aunque en principio es posible utilizar cualquier letra, suelen emplearse las letras $\vec{u}$, $\vec{v}$ y $\vec{w}$ para designar vectores.

Módulo de un vector: es la longitud del segmento $\overline{AB}$ y se representa por $|\overrightarrow{AB}|$.

Dicho módulo puede calcularse con el teorema de Pitágoras:

$$|\overrightarrow{AB}| = \sqrt{(x_2 - x_1)^2 + (y_2 - y_1)^2}$$

Argumento de un vector: es el ángulo que forma con la horizontal y se calcula con la arcotangente de sus coordenadas:

$$\alpha = \text{arctg}\,\frac{y_2 - y_1}{x_2 - x_1} = \text{arctg}\,\frac{u_2}{u_1}$$

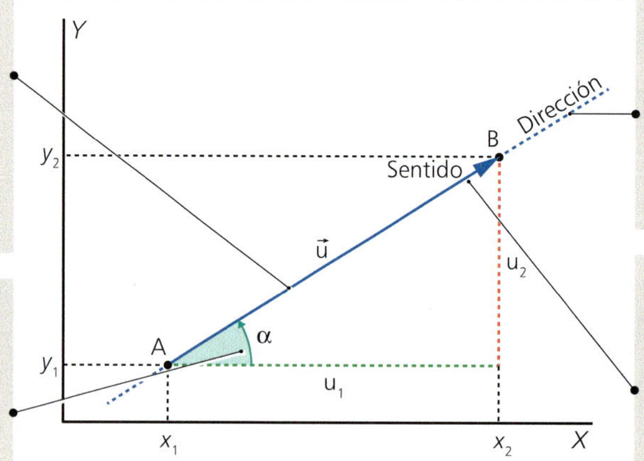

Dirección de un vector: viene determinada por la posición de la recta que contiene a dicho vector. De este modo, todos los vectores que son paralelos tienen la misma dirección.

Sentido de un vector: depende de la orientación de dicho vector; de este modo, si se considera el vector $\overrightarrow{AB}$, el sentido es la orientación del origen, A, al extremo, B.

Si el módulo de un vector es 1, dicho vector se denomina **vector unitario.**

El **vector nulo** es aquel cuyo extremo y cuyo origen coinciden, con lo que su módulo es igual a 0. Es designado como $\vec{0}$.

ACTIVIDAD RESUELTA

Representa el vector de origen A (5 , 5) y extremo B (1 , 2). Halla sus coordenadas, su módulo y su argumento.

Las coordenadas de dicho vector son:

$\overrightarrow{AB} = (1 - 5, 2 - 5) = (-4, -3) \Rightarrow \vec{u} = (u_1, u_2) = (-4, -3)$

Su módulo es: $|\vec{u}| = \sqrt{u_1^2 + u_2^2} = \sqrt{(-4)^2 + (-3)^2} = \sqrt{25} = 5$

Su argumento es: $\alpha = \text{arctg}\,\frac{u_2}{u_1} = \text{arctg}\,\frac{-3}{-4} = 36{,}87° \Rightarrow \alpha = 180° + 36{,}87° = 216{,}87°$

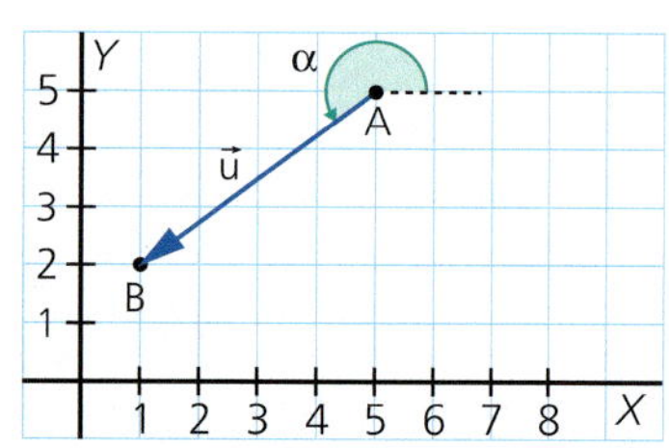

Clases de vectores

Hay diferentes tipos de vectores:

- **Vectores equipolentes.** Son los que tienen igual módulo, sentido y dirección.

  De los vectores del margen (A), tanto los vectores $\vec{u}$ y $\vec{z}$ como $\vec{v}$ y $\vec{w}$ son equipolentes. El vector $\vec{t}$, por su parte, tiene el mismo módulo y la misma dirección que los vectores $\vec{u}$ y $\vec{z}$, pero sentido contrario, con lo que no es equipolente a ellos.

- **Vector libre** es el conjunto formado por todos los vectores equipolentes entre sí. Cada **vector fijo** es un representante de un vector libre.

- **Vectores ligados.** Son vectores equipolentes que se encuentran en la misma recta (B).

- **Vectores opuestos.** Son vectores que tienen el mismo módulo y dirección, pero sentido contrario.

  El vector opuesto al vector $\vec{u} = (u_1, u_2)$ es el vector $-\vec{u} = (-u_1, -u_2)$ (C).

- **Vectores paralelos.** Son vectores que tienen la misma dirección, lo que significa que sus coordenadas son proporcionales, ya que su argumento es el mismo. Si $\vec{u} = (u_1, u_2)$ y $\vec{v} = (v_1, v_2)$ son paralelos (D), entonces:

$$\frac{u_1}{v_1} = \frac{u_2}{v_2}$$

A

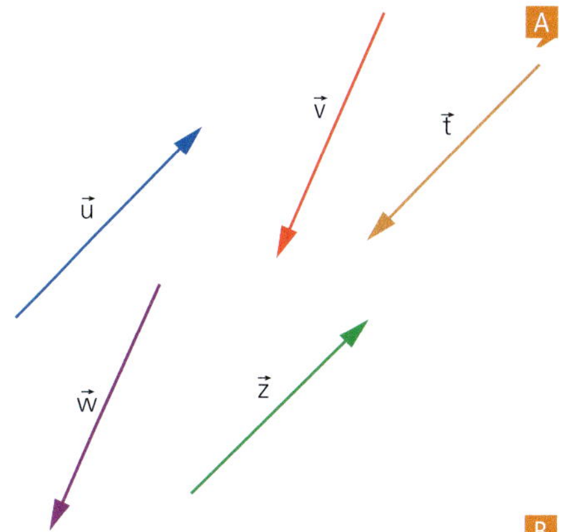

B

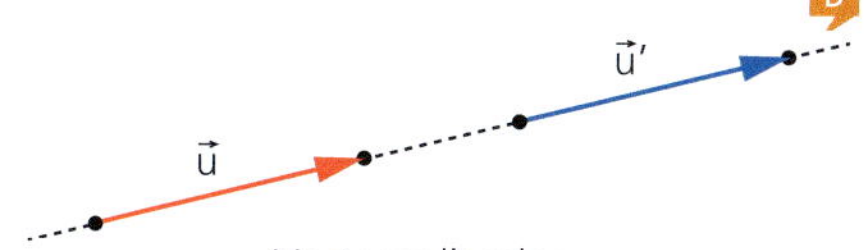

Vectores ligados.

C

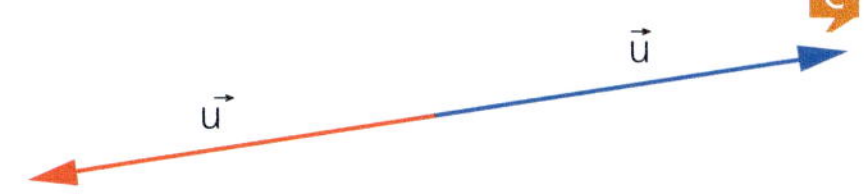

Vectores opuestos.

D

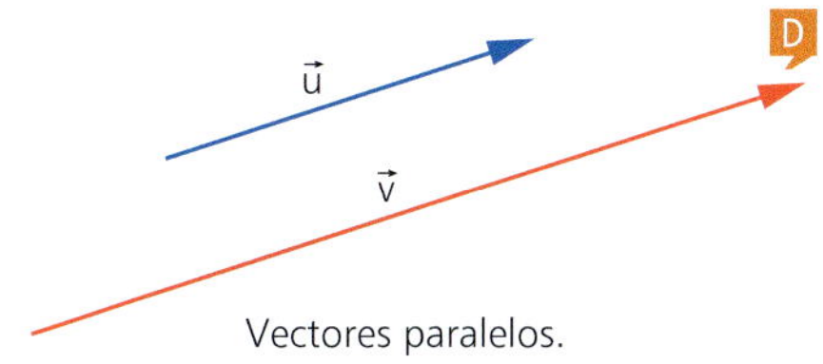

Vectores paralelos.

ACTIVIDADES

1 Escribe las coordenadas de los vectores propuestos, cuyo primer punto es el origen, y cuyo segundo punto es el extremo. Represéntalos gráficamente y halla su módulo y su argumento.

a. A (2 , 3) y B (4 , 5)

b. C (6 , 5) y D (5 , 3)

c. E (1 , 1) y F (–2 , 3)

d. G (–4 , 1) y H (1 , –1)

2 Indica las componentes y los puntos origen y extremo de los vectores que se representan a continuación. Halla también su módulo y su argumento.

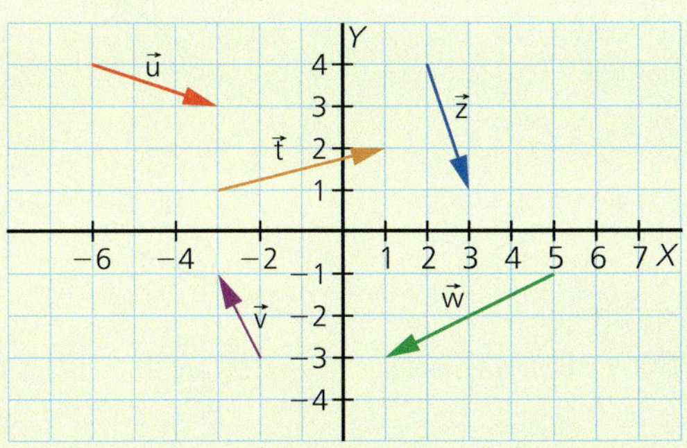

3 Contesta a las siguientes preguntas:

a. ¿Cómo tiene que ser el argumento de dos vectores para que sean equipolentes?

b. ¿Y para que tengan la misma dirección, pero sentido contrario? ¿Cómo se llamarían ambos vectores?

c. ¿Y para que tengan la misma dirección? ¿Cómo serían sus coordenadas?

4 Dibuja un vector no nulo, $\vec{u}$, y, a continuación:

a. Un vector, $\vec{v}$, que sea equipolente al vector $\vec{u}$.

b. Un vector, $\vec{w}$, opuesto a $\vec{u}$.

c. Un vector, $\vec{z}$, que tenga la misma dirección y sentido, pero distinto módulo.

d. Un vector, $\vec{t}$, que esté ligado a $\vec{u}$.

5 Un cuadrilátero está formado por los puntos A (–3 , 3), B (2 , 5), C (3 , 2) y D (–1 , –2). Dibuja dicho cuadrilátero y halla las dimensiones de sus lados.

02 Operaciones con vectores

Con los vectores se pueden realizar distintas operaciones aritméticas, como la suma, la resta, la multiplicación por un número y el producto escalar.

Suma de vectores

Dados dos vectores, $\vec{u} = (u_1, u_2)$ y $\vec{v} = (v_1, v_2)$, su **vector suma** es el vector cuyos componentes son:

$$\vec{u} + \vec{v} = (u_1 + v_1, u_2 + v_2)$$

PROPIEDADES DE LA SUMA DE VECTORES
Conmutativa
$\vec{u} + \vec{v} = \vec{v} + \vec{u}$
Asociativa
$\vec{u} + (\vec{v} + \vec{w}) = (\vec{u} + \vec{v}) + \vec{w}$
Elemento neutro
$\exists \vec{0} = (0, 0) / \vec{0} + \vec{u} = \vec{u}$

Gráficamente, se pueden sumar dos vectores mediante dos procedimientos:

1.er procedimiento

Para sumar dos vectores libres, $\vec{u}$ y $\vec{v}$, se hace coincidir el extremo del primero con el origen del segundo; el vector suma de ambos es el que tiene por origen el origen del vector $\vec{u}$ y por extremo el extremo del vector $\vec{v}$.

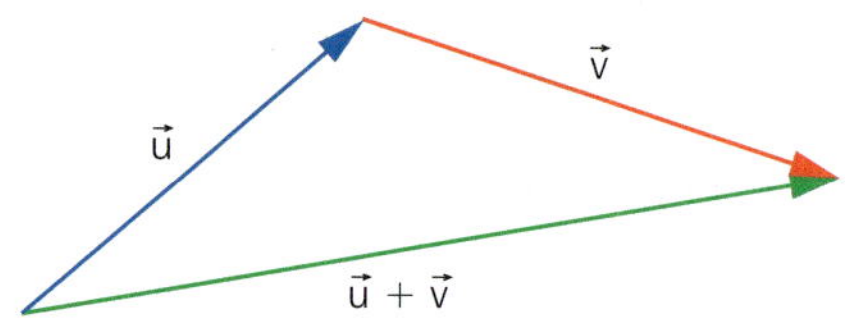

2.º procedimiento

Se toman como representantes dos vectores que tienen el origen en común y, trazando paralelas a los vectores por sus extremos, se obtiene un paralelogramo cuya diagonal coincide con la suma de los vectores.

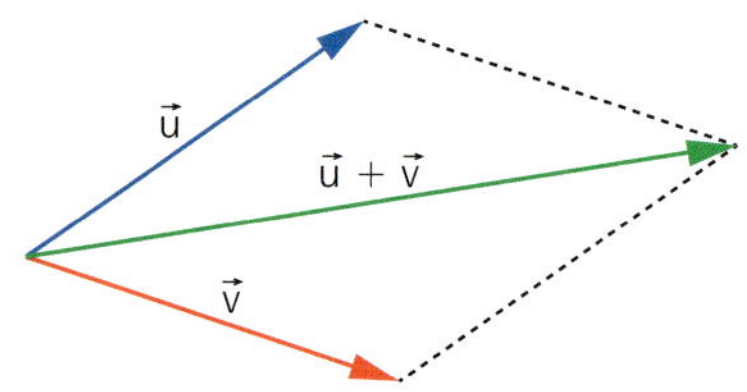

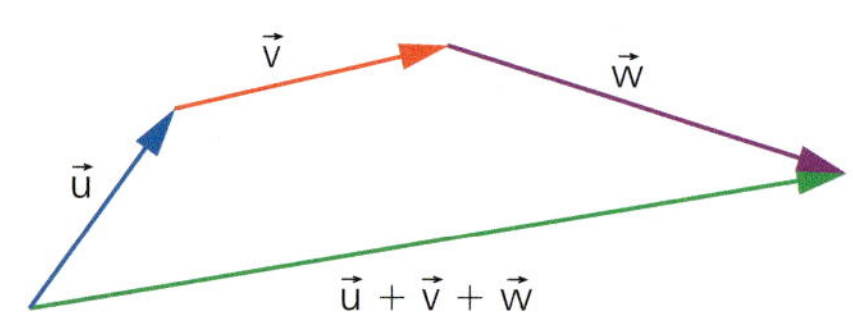

Si se consideran varios vectores, el vector suma de todos ellos tiene su origen en el origen del primer vector y su extremo en el extremo del último vector.

Resta de vectores

Dados dos vectores, $\vec{u} = (u_1, u_2)$ y $\vec{v} = (v_1, v_2)$, su **vector diferencia** es la suma del primer vector más el opuesto del segundo vector:

$$\vec{u} - \vec{v} = \vec{u} + (-\vec{v}) = (u_1 - v_1, u_2 - v_2)$$

Gráficamente, se pueden restar dos vectores según dos procedimientos distintos:

1.er procedimiento

Para restar dos vectores libres, $\vec{u}$ y $\vec{v}$, se halla el opuesto del segundo vector y se hace coincidir su origen con el extremo del primer vector; el vector resta es entonces aquel cuyo origen es el origen del vector $\vec{u}$ y cuyo extremo es el extremo del vector $-\vec{v}$.

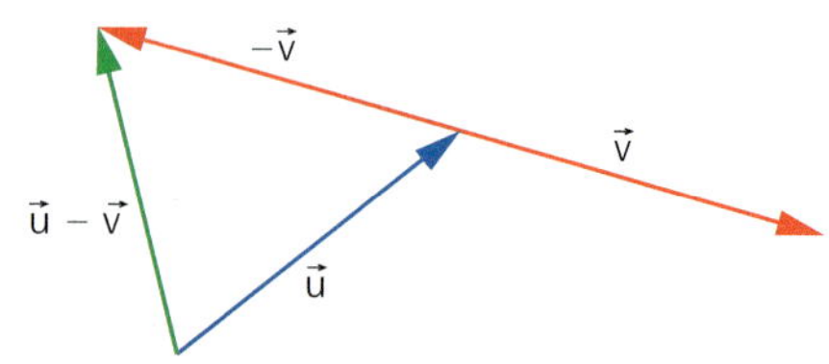

2.º procedimiento

Se toman como representantes dos vectores que tienen el origen en común; el vector resta es, en este caso, aquel que tiene su origen en el extremo del segundo vector y su extremo en el extremo del primero.

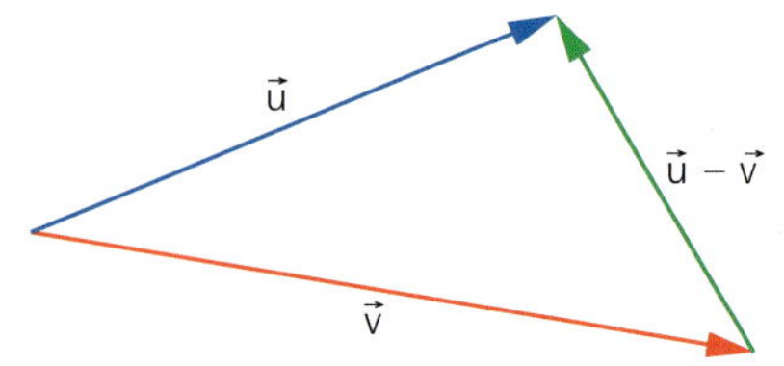

ACTIVIDAD RESUELTA

Dados los vectores $\vec{u} = (2\ ,\ 5)$ y $\vec{v} = (3\ ,\ 1)$, realiza las siguientes operaciones:

a. $\vec{u} + \vec{v}$ **b.** $\vec{u} - \vec{v}$

a. $\vec{u} + \vec{v} = (2 + 3\ ,\ 5 + 1) = (5\ ,\ 6)$

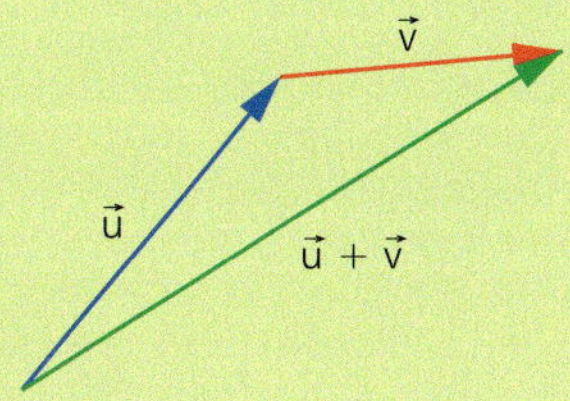

b. $\vec{u} - \vec{v} = (2 - 3\ ,\ 5 - 1) = (-1\ ,\ 4)$

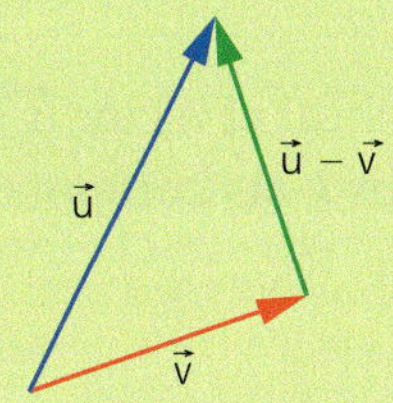

ACTIVIDADES

6 Realiza gráficamente las operaciones pedidas con los siguientes vectores:

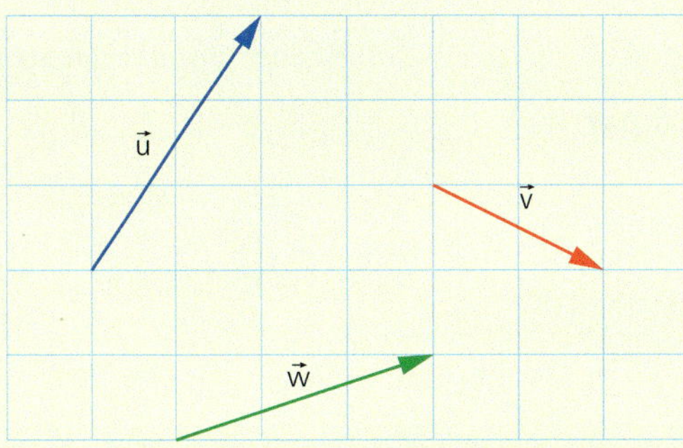

a. $\vec{u} + \vec{v}$
b. $\vec{u} - \vec{v}$
c. $\vec{v} + \vec{w}$
d. $\vec{u} - \vec{w}$
e. $\vec{u} + \vec{v} + \vec{w}$
f. $-\vec{u} - \vec{v} - \vec{w}$

7 Dados los puntos A (–4 , 8), B (10 , 12), C (–3 , –2) y D (12 , 8), efectúa las siguientes operaciones:

a. $\overrightarrow{AB} + \overrightarrow{BC}$
b. $\overrightarrow{BD} - \overrightarrow{AC}$
c. $\overrightarrow{AB} - \overrightarrow{BD} - \overrightarrow{CD}$
d. $\overrightarrow{DB} + \overrightarrow{CA} - \overrightarrow{BC}$

8 Efectúa las operaciones indicadas con los siguientes vectores:

$\vec{u} = (8\ ,\ -12)$, $\vec{v} = (-9\ ,\ -2)$, $\vec{w} = (7\ ,\ 3)$, $\vec{t} = (11\ ,\ -20)$

a. $\vec{u} + \vec{v} + \vec{w}$
b. $\vec{v} + \vec{w} - \vec{t}$
c. $(\vec{u} + \vec{v}) - (\vec{w} + \vec{t})$
d. $\vec{u} - \vec{v} + \vec{w} - \vec{t}$
e. $-(\vec{w} + \vec{t}) + \vec{u}$
f. $\vec{u} - (\vec{v} + \vec{w} + \vec{t})$
g. $\vec{t} - \vec{u} - \vec{w} + (\vec{t} - \vec{v})$
h. $(\vec{u} - \vec{t}) - (\vec{v} - \vec{w})$

9 Considerando los vectores $\vec{u} = (3\ ,\ -2)$ y $\vec{v} = (4\ ,\ 7)$, realiza la siguiente operación: $\vec{u} - \vec{v}$, mientras tu compañero efectúa esta otra: $\vec{v} - \vec{u}$. ¿Qué conclusiones obtenéis?

10 Dados los vectores $\vec{u} = (-1\ ,\ 7)$ y $\vec{v} = (3\ ,\ 4)$, halla los vectores que se indican para que se verifiquen las condiciones pedidas:

a. $\vec{w}$ tal que $\vec{u} + \vec{v} = \vec{w}$
b. $\vec{z}$ tal que $\vec{u} - \vec{v} = \vec{z}$
c. $\vec{s}$ tal que $-\vec{u} - \vec{v} = \vec{s}$
d. $\vec{t}$ tal que $-\vec{u} + \vec{v} = \vec{t}$

11 En la siguiente figura están representadas diferentes operaciones con vectores. Si el vector resultante es el de color verde, indica qué tipo de operaciones son y realízalas analíticamente.

a.

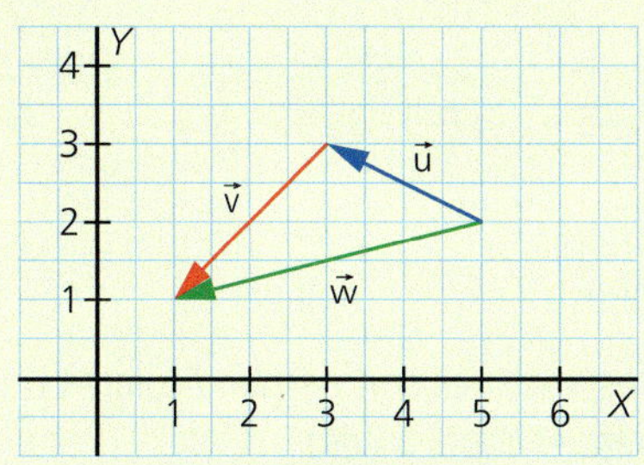

b.

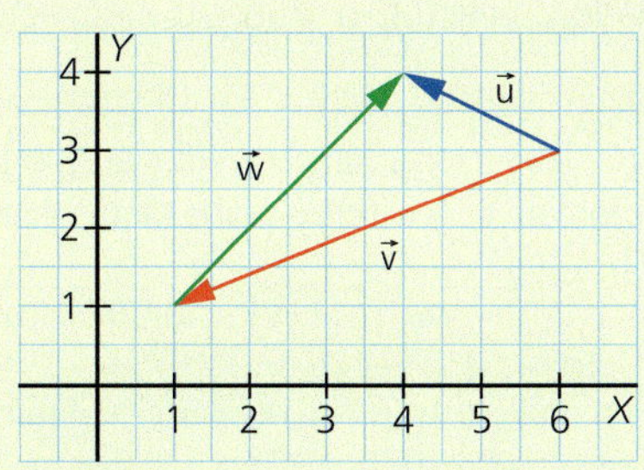

Multiplicación de un número por un vector

Si se multiplica un vector, $\vec{u} = (u_1 , u_2)$, por un número, *k*, el resultado es otro vector:

- De igual dirección y del mismo sentido si $k > 0$ o de sentido opuesto si $k < 0$.
- De módulo $|k| \cdot |\vec{u}|$.

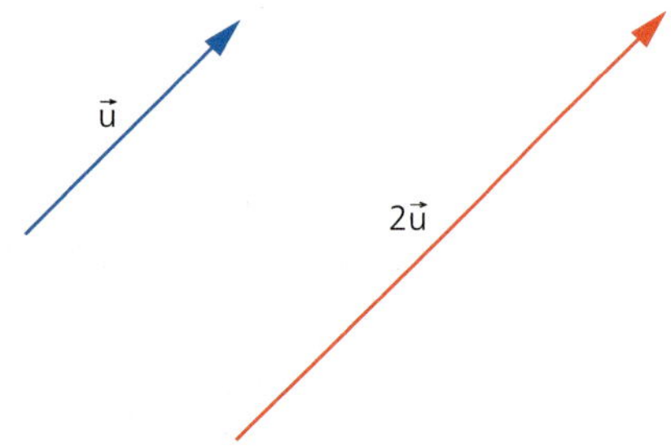

Las **componentes** del **vector resultante** de multiplicar el vector $\vec{u} = (u_1 , u_2)$ por el número *k*, se obtienen multiplicando por *k* las componentes de dicho vector $\vec{u}$:

$$k \cdot \vec{u} = (k \cdot u_1 , k \cdot u_2)$$

Producto escalar de vectores

El **producto escalar** de dos vectores, $\vec{u}$ y $\vec{v}$, es el número que resulta de multiplicar los módulos de dichos vectores por el coseno del ángulo θ que forman:

$$\vec{u} \cdot \vec{v} = |\vec{u}| \cdot |\vec{v}| \cdot \cos\theta$$

El producto escalar de dos vectores también puede calcularse a partir de sus coordenadas:

$$\vec{u} \cdot \vec{v} = u_1 \cdot v_1 + u_2 \cdot v_2$$

PROPIEDADES DEL PRODUCTO ESCALAR DE VECTORES
Conmutativa
$\vec{u} \cdot \vec{v} = \vec{v} \cdot \vec{u}$
Producto de un vector por sí mismo
$\vec{u} \cdot \vec{u} = (\|\vec{u}\|)^2$
Distributiva
$\vec{u} \cdot (\vec{v} + \vec{w}) = \vec{u} \cdot \vec{v} + \vec{u} \cdot \vec{w}$

ACTIVIDADES RESUELTAS

1 Dados los vectores $\vec{u} = (2 , 5)$ y $\vec{v} = (3 , 1)$, realiza las siguientes operaciones:

a. $-5 \cdot \vec{v}$ **b.** $\vec{u} \cdot \vec{v}$

a. $-5 \cdot \vec{v} = (-5 \cdot 3 , -5 \cdot 1) = (-15 , -5)$

b. $\vec{u} \cdot \vec{v} = 2 \cdot 3 + 5 \cdot 1 = 6 + 5 = 11$

2 Demuestra estas propiedades:

a. Dos vectores son perpendiculares u ortogonales si y solo si su producto escalar es igual a cero.

b. Dado un vector, $\vec{u} = (u_1 , u_2)$, el vector $\vec{v} = (-u_2 , u_1)$ es perpendicular a $\vec{u}$.

a. Si dos vectores son perpendiculares, entonces el ángulo que forman es $\theta = 90°$ y, por lo tanto, el producto escalar es:

$$\vec{u} \cdot \vec{v} = |\vec{u}| \cdot |\vec{v}| \cdot \cos 90° = |\vec{u}| \cdot |\vec{v}| \cdot 0 = 0$$

Si $\vec{u}$ y $\vec{v}$ son dos vectores no nulos y $\vec{u} \cdot \vec{v} = 0 \Rightarrow$ $\Rightarrow \cos\theta = 0$, $\theta = 90°$ o $270° \Rightarrow \vec{u} \perp \vec{v}$.

b. Se calcula el producto escalar de ambos vectores:

$$\vec{u} \cdot \vec{v} = u_1 \cdot (-u_2) + u_2 \cdot u_1 = -u_1 \cdot u_2 + u_1 \cdot u_2 = 0$$

En consecuencia, ambos vectores son perpendiculares:

$$\vec{u} \perp \vec{v}$$

ACTIVIDADES

12 Halla $5 \cdot \vec{u}$, $-2 \cdot \vec{u}$ y $10 \cdot \vec{u}$ sabiendo que $\vec{u} = (-2\ ,\ 3)$.

13 Considerando los vectores de la figura:

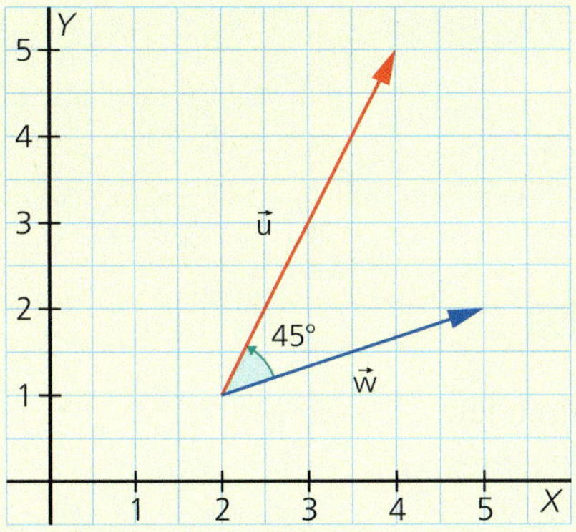

a. Calcula $\vec{u} \cdot \vec{w}$ utilizando el ángulo que forman ambos vectores.

b. Que tu compañero calcule el mismo producto escalar utilizando las coordenadas de ambos vectores.

Comprobad que el resultado coincide.

14 Considerando los vectores $\vec{u} = (10\ ,\ 4)$, $\vec{v} = (-3\ ,\ -1)$, $\vec{w} = (6\ ,\ -2)$, $\vec{z} = (12\ ,\ -6)$ y $\vec{t} = (2\ ,\ -1)$ y efectúa las operaciones siguientes:

a. $\vec{u} - 2 \cdot \vec{v} + 3 \cdot \vec{w}$

b. $\vec{u} - \vec{w} + 10 \cdot \vec{z}$

c. $\vec{u} \cdot \vec{v}$

d. $\vec{u} \cdot \vec{w}$

e. $\vec{v} \cdot \vec{w}$

f. $\vec{z} \cdot \vec{u}$

g. $-5 \cdot \vec{u} + 6 \cdot \vec{v} - 3 \cdot \vec{z}$

h. $\vec{z} \cdot \vec{t}$

i. $7 \cdot \vec{u} - 5 \cdot \vec{t} - 3 \cdot \vec{w}$

15 De entre los siguientes vectores, indica cuáles son perpendiculares:

a. $\vec{u} = (6\ ,\ -3)$, $\vec{v} = (-7\ ,\ 10)$

b. $\vec{u} = (5\ ,\ 3)$, $\vec{v} = (-9\ ,\ 15)$

c. $\vec{u} = (-2\ ,\ -12)$, $\vec{v} = (6\ ,\ 1)$

d. $\vec{u} = (12\ ,\ 9)$, $\vec{v} = (-3\ ,\ 4)$

e. $\vec{u} = (5\ ,\ 7)$, $\vec{v} = (-14\ ,\ 10)$

f. $\vec{u} = (6\ ,\ 9)$, $\vec{v} = (12\ ,\ -8)$

ACTIVIDAD RESUELTA

16 Halla el ángulo que forman los vectores $\vec{u} = (-2\ ,\ 6)$ y $\vec{v} = (1\ ,\ 3)$.

Se halla el producto escalar de ambos vectores por los dos métodos antes explicados.

- A partir de sus componentes:

$$\vec{u} \cdot \vec{v} = u_1 \cdot v_1 + u_2 \cdot v_2$$

$$\vec{u} \cdot \vec{v} = (-2\ ,\ 6) \cdot (1\ ,\ 3) =$$

$$= -2 \cdot 1 + 6 \cdot 3 = -2 + 18 = 16 \quad \textbf{(1)}$$

- A partir de sus módulos y el ángulo que forman:

$$\vec{u} \cdot \vec{v} = |\vec{u}| \cdot |\vec{v}| \cdot \cos\theta$$

$$\vec{u} \cdot \vec{v} = \sqrt{(-2)^2 + 6^2} \cdot \sqrt{1^2 + 3^2} \cdot \cos\theta =$$

$$= \sqrt{40} \cdot \sqrt{10} \cdot \cos\theta = \sqrt{400} \cdot \cos\theta = 20\cos\theta \quad (2)$$

Se igualan ambos resultados (1) y (2), y se despeja el coseno para hallar el ángulo que forman ambos vectores:

$$20\cos\theta = 16 \Rightarrow \theta = \arccos\frac{16}{20} = \arccos 0{,}8 = 36{,}87°$$

De este modo, los vectores forman un ángulo de 36,87°.

17 Halla el ángulo que forman los siguientes vectores:

a. $\vec{u} = (12\ ,\ -15)$, $\vec{v} = (-10\ ,\ 9)$

b. $\vec{u} = (-2\ ,\ -3)$, $\vec{v} = (5\ ,\ 9)$

c. $\vec{u} = (-15\ ,\ 30)$, $\vec{v} = (-8\ ,\ -4)$

d. $\vec{u} = (18\ ,\ 30)$, $\vec{v} = (12\ ,\ 2)$

18 Encuentra un vector perpendicular a los vectores dados. Representa ambos vectores y comprueba gráficamente que son perpendiculares.

a. $\vec{u} = (5\ ,\ 3)$

b. $\vec{v} = (-1\ ,\ 2)$

c. $\vec{w} = (-4\ ,\ -2)$

d. $\vec{z} = (5\ ,\ -3)$

19 ➔ En las siguientes páginas de Internet se proponen diversas actividades con vectores. Accede a dichas páginas y realiza las actividades indicadas.

http://conteni2.educarex.es/mats/12090/contenido/

http://conteni2.educarex.es/mats/12091/contenido/

03 Vectores dependientes e independientes. Base del espacio vectorial. Sistema de referencia

Un vector, $\vec{w}$, es una **combinación lineal** de los vectores $\vec{u}$ y $\vec{v}$ si existen dos números, *a* y *b*, tales que:

$$\vec{w} = a \cdot \vec{u} + b \cdot \vec{v}$$

Observa

En general, una combinación lineal de dos o más vectores se obtiene al sumar dichos vectores multiplicados por sendos números:

$$a_1 \cdot \vec{u}_1 + a_2 \cdot \vec{u}_2 + \ldots + a_n \cdot \vec{u}_n = \vec{0}$$

03.1 Vectores linealmente dependientes y linealmente independientes

Dos o más vectores son **linealmente dependientes** si existe una combinación lineal de ellos que es igual al vector cero sin que sean cero todos los coeficientes de la combinación lineal:

$$a_1 \cdot \vec{u}_1 + a_2 \cdot \vec{u}_2 + \ldots + a_n \cdot \vec{u}_n = \vec{0}$$

De la definición de vectores linealmente dependientes se deducen las siguientes **propiedades:**

Propiedad 1. Si varios vectores son linealmente dependientes, entonces al menos uno de ellos puede expresarse como una combinación lineal del resto de vectores.

$$\vec{u}_1 = -\frac{a_2}{a_1}\vec{u}_2 - \ldots - \frac{a_n}{a_1}\vec{u}_n$$

Propiedad 2. Dos vectores, $\vec{u} = (u_1, u_2)$ y $\vec{v} = (v_1, v_2)$, son linealmente dependientes si sus componentes son proporcionales.

$$\frac{u_1}{v_1} = \frac{u_2}{v_2}$$

De este modo dos vectores son linealmente independientes al cumplirse:

$$\vec{u} - a \cdot \vec{v} = (u_1, u_2) - a \cdot (v_1, v_2) = (u_1 - a \cdot v_1, u_2 - a \cdot v_2) =$$

$$= \left(u_1 - \frac{u_1}{\cancel{v_1}} \cdot \cancel{v_1}, u_2 - \frac{u_2}{\cancel{v_2}} \cdot \cancel{v_2}\right) = (0, 0)$$

Propiedad 3. Dos vectores del plano son linealmente dependientes si y solo si son paralelos.

Dos o más vectores son **linealmente independientes** si ninguno de ellos puede expresarse como una combinación lineal del resto de vectores, es decir, si no son dependientes. Los vectores linealmente independientes tienen distinta dirección.

$$a_1 \cdot \vec{u}_1 + a_2 \cdot \vec{u}_2 + \ldots + a_n \cdot \vec{u}_n = \vec{0} \Leftrightarrow a_1 = a_2 = \ldots = a_n = 0$$

ACTIVIDAD RESUELTA

Escribe el vector $\vec{w} = (3, 5)$ como combinación lineal de los vectores $\vec{u} = (1, 2)$ y $\vec{v} = (3, 4)$.

$$(3, 5) = a \cdot (1, 2) + b \cdot (3, 4) \Rightarrow$$

$$\Rightarrow (3, 5) = (a + 3b, 2a + 4b) \Rightarrow$$

$$\Rightarrow \begin{cases} a + 3b = 3 \\ 2a + 4b = 5 \end{cases} \Rightarrow$$

$$\Rightarrow a = \frac{3}{2}; b = \frac{1}{2} \Rightarrow$$

$$\Rightarrow \vec{w} = \frac{3}{2} \cdot \vec{u} + \frac{1}{2} \cdot \vec{v}$$

03.2 Base del espacio vectorial

Los vectores $\vec{u} = (u_1, u_2)$ y $\vec{v} = (v_1, v_2)$ forman una **base** si son linealmente independientes. Si los vectores que forman la base son perpendiculares, se dice que dicha base es **ortogonal.** Si, además de perpendiculares, dichos vectores son unitarios, entonces la base es **ortonormal.**

03.3 Sistema de referencia

Para situar puntos en el plano, es necesario tener un sistema de referencia, de modo que cada punto tenga una única representación en dicho sistema.

Un **sistema de referencia** es una terna $\{O, \vec{u}_1, \vec{u}_2\}$, formada por un **origen de coordenadas,** O, y dos vectores, $\vec{u}_1$, $\vec{u}_2$, **no nulos y linealmente independientes que forman una base.**

Las rectas que pasan por el origen de coordenadas y contienen a uno de estos vectores se denominan **ejes de coordenadas;** de ellos, el eje de **abscisas** es el que contiene al vector $\vec{u}_1$, y el eje de **ordenadas,** el que contiene al vector $\vec{u}_2$.

Un sistema de referencia **cartesiano,** tiene como vectores $\vec{u}_1$, $\vec{u}_2$ que son perpendiculares y unitarios. De este modo, la **base canónica** es $B_c\{\vec{u}_1, \vec{u}_2\}$ y viene determinada por los vectores $\vec{u}_1 = (1, 0)$ y $\vec{u}_2 = (0, 1)$.

En consecuencia, las **coordenadas cartesianas** de un vector, $\vec{u}$, con respecto a la base serían el par de números, (x, y), que cumplen que $\vec{u} = x\vec{u}_1 + y\vec{u}_2$.

Las **coordenadas** de un **punto,** A, del plano coinciden con las de su **vector de posición,** que es el vector que tiene su origen en el origen de coordenadas y su extremo en dicho punto.

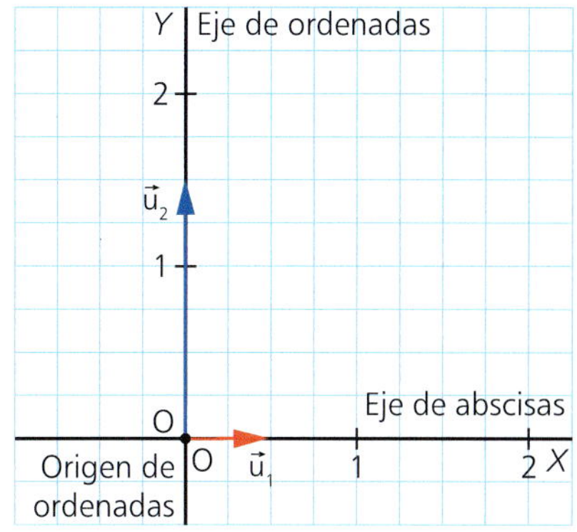

ACTIVIDAD RESUELTA

Halla el valor de *a* para que los vectores $\vec{u} = (3, -2)$ y $\vec{v} = (a, 4)$ sean linealmente dependientes.

Dos vectores son linealmente dependientes si sus componentes son proporcionales, con lo que:

$$\frac{3}{a} = \frac{-2}{4} \Rightarrow a = -6$$

ACTIVIDADES

20 Halla las coordenadas desconocidas de los siguientes vectores para que sean linealmente dependientes:

a. $\vec{u} = (-10, a)$, $\vec{v} = (15, 9)$

b. $\vec{u} = (b, -36)$, $\vec{v} = (9, 12)$

ACTIVIDAD RESUELTA

21 Dibuja el punto A (2 , 1) en el plano y su vector de posición, $\vec{u}$, indicando las coordenadas de dicho vector y su combinación lineal con los vectores de la base canónica.

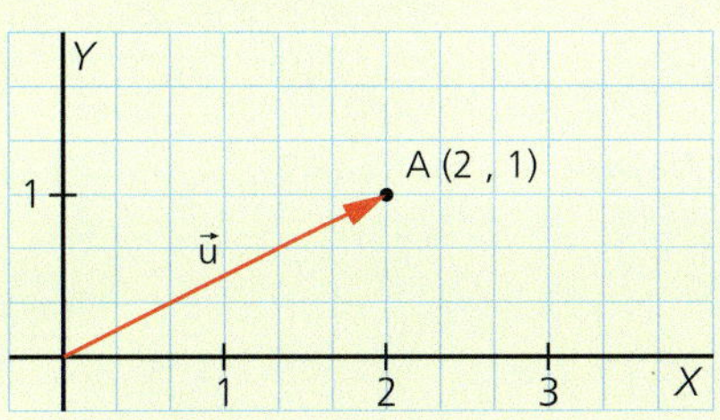

El punto A (2 , 1) viene determinado por el vector de posición $\vec{u}$, cuyas coordenadas son (2 , 1), coordenadas que proceden de la combinación lineal de la base $2\vec{u}_1 + \vec{u}_2$.

22 Representa los siguientes puntos en el plano cartesiano e indica sus vectores de posición:

a. A (−4 , 5) **b.** B (−1 , −3) **c.** C (3 , 4)

23 Escribe el vector $\vec{w} = (12, 19)$ como combinación lineal de los vectores $\vec{u} = (4, -3)$ y $\vec{v} = (12, 5)$.

ACTIVIDAD RESUELTA

24 ¿Forman una base en el plano la siguiente pareja de vectores {(7 , −3) , (4 , 2)}?

Para que dos vectores formen una base, tienen que ser linealmente independientes, es decir, no pueden ser ni nulos ni paralelos. Como $\frac{7}{4} \neq \frac{-3}{2}$, los vectores son linealmente independientes, por lo que sí forman una base en el plano.

25 Indica cuáles de los siguientes vectores pueden formar una base en el plano:

a. $\vec{u} = (15, 7)$, $\vec{v} = (4, 3)$

b. $\vec{u} = (10, 17)$, $\vec{v} = (1, 2)$

04 Ecuaciones de la recta

Dos puntos determinan una única recta. Para conocer una recta, basta con señalar dos puntos. Como, por otro lado, dos puntos determinan un vector, también cabe afirmar que una recta queda determinada por un punto y un vector que tenga la misma dirección que la recta, llamado **vector director de la recta.**

Existen varias formas de expresar una recta. Vamos a estudiar cada una de ellas.

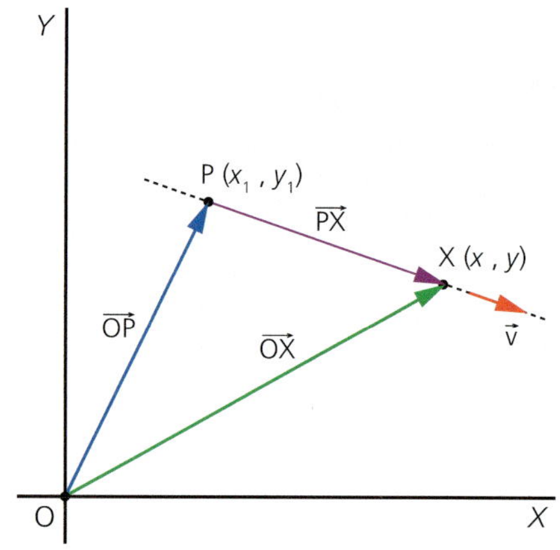

Ecuación vectorial de la recta

Considérese el sistema de referencia del plano cartesiano $\{O, \vec{u}_1, \vec{u}_2\}$, donde $B_c\{\vec{u}_1, \vec{u}_2\}$ es la base canónica del espacio vectorial real bidimensional.

Sea P (x_1, y_1) un punto de la recta *r*, y $\vec{v} = (v_1, v_2)$, un vector director de dicha recta. Si se considera otro punto X, (x, y), de la recta *r*, el vector $\overrightarrow{PX}$ tendrá la misma dirección que $\vec{v}$, por lo que serán proporcionales, y entonces: $\overrightarrow{PX} = k \cdot \vec{v}$, donde *k* es un número real. De esta manera, se tiene que $\overrightarrow{OX} = \overrightarrow{OP} + \overrightarrow{PX} = \overrightarrow{OP} + k \cdot \vec{v}$.

La **ecuación vectorial de la recta** es: $\overrightarrow{OX} = \overrightarrow{OP} + k \cdot \vec{v}, k \in \mathbb{R}$

La **ecuación vectorial de la recta** en función de las **coordenadas** de sus **componentes** es: $(x, y) = (x_1, y_1) + k \cdot (v_1, v_2), k \in \mathbb{R}$

Ecuaciones paramétricas de la recta

Para obtener las ecuaciones paramétricas de la recta, se efectúan las operaciones indicadas en la ecuación vectorial de la recta y se igualan las coordenadas:

$$(x, y) = (x_1, y_1) + k \cdot (v_1, v_2) \Rightarrow (x, y) = (x_1, y_1) + (k \cdot v_1, k \cdot v_2) \Rightarrow$$

$$\Rightarrow (x, y) = (x_1 + k \cdot v_1, y_1 + k \cdot v_2)$$

Las **ecuaciones paramétricas de la recta** son: $\begin{cases} x = x_1 + k \cdot v_1 \\ y = y_1 + k \cdot v_2 \end{cases}, k \in \mathbb{R}$

Ecuación continua de la recta

Al despejar el parámetro *k* en las ecuaciones paramétricas e igualar las expresiones resultantes, se obtiene la ecuación continua de la recta:

$$\begin{cases} x = x_1 + k \cdot v_1 \Rightarrow k = \dfrac{x - x_1}{v_1} \\ y = y_1 + k \cdot v_2 \Rightarrow k = \dfrac{y - y_1}{v_2} \end{cases} \Rightarrow \frac{x - x_1}{v_1} = \frac{y - y_1}{v_2}$$

La **ecuación continua de la recta** es: $\dfrac{x - x_1}{v_1} = \dfrac{y - y_1}{v_2}$

ACTIVIDAD RESUELTA

Una recta tiene $\vec{v} = (-2, 5)$ como vector director y pasa por el punto A (3, 2). Escribe sus ecuaciones en forma vectorial, paramétricas y continua.

Ecuación vectorial:

$(x, y) = (x_1, y_1) + k \cdot (v_1, v_2) \Rightarrow$

$\Rightarrow (x, y) = (3, 2) + k \cdot (-2, 5)$ con $k \in \mathbb{R}$.

Ecuaciones paramétricas:

$(x, y) = (3, 2) + k \cdot (-2, 5) \Rightarrow$

$\Rightarrow \begin{cases} x = 3 - 2 \cdot k \\ y = 2 + 5 \cdot k \end{cases}, k \in \mathbb{R}$

Ecuación continua:

$\dfrac{x - x_1}{v_1} = \dfrac{y - y_1}{v_2} \Rightarrow$

$\Rightarrow \dfrac{x - 3}{-2} = \dfrac{y - 2}{5}$

Observa

La ecuación continua únicamente puede escribirse si se trata de rectas que no son paralelas a ninguno de los ejes de coordenadas, ya que no existe la división entre 0.

Ecuación general o implícita de la recta

Se eliminan los denominadores en la ecuación continua de la recta, se colocan todos los términos en el primer miembro de la ecuación y se agrupan los coeficientes:

$$\frac{x - x_1}{v_1} = \frac{y - y_1}{v_2} \Rightarrow v_2 \cdot (x - x_1) - v_1 \cdot (y - y_1) = 0 \Rightarrow v_2 \cdot x - v_2 \cdot x_1 - v_1 \cdot y + v_1 \cdot y_1 = 0$$

Llamando $A = v_2$, $B = -v_1$, $C = v_1 \cdot y_1 - v_2 \cdot x_1$, se obtiene la ecuación general o implícita de la recta.

La **ecuación general** o **implícita de la recta** es: $Ax + By + C = 0$

Ecuación explícita de la recta

La ecuación explícita de la recta se obtiene despejando la variable y en función de la variable x y agrupando los coeficientes:

$$Ax + By + C = 0 \Rightarrow y = -\frac{A}{B}x - \frac{C}{B}$$

Llamando $-\frac{A}{B} = m$, $-\frac{C}{B} = n$, se obtiene la ecuación explícita de la recta.

La **ecuación explícita de la recta** es: $y = mx + n$

La componente m se denomina **pendiente** de la recta e indica la inclinación de la misma. La componente n es la **ordenada en el origen** y representa el punto de corte de la recta con el eje de ordenadas. Esta ecuación es válida únicamente cuando se trata de rectas que no son paralelas al eje Y.

Ecuación punto-pendiente

Para obtener la ecuación punto-pendiente de una recta, se parte de la ecuación continua y se despejan las coordenadas relativas a las ordenadas.

$$\frac{x - x_1}{v_1} = \frac{y - y_1}{v_2} \Rightarrow y - y_1 = \frac{v_2}{v_1} \cdot (x - x_1)$$

Como $m = \frac{v_2}{v_1}$ es la pendiente de la recta, se tiene que:

La **ecuación punto-pendiente de la recta** es: $y - y_1 = m\,(x - x_1)$

Observa

A partir de la ecuación general de la recta es posible obtener las coordenadas de un **vector director** de dicha recta:

$$\vec{v} = (v_1, v_2) = (-B, A)$$

Observa

Se llama **vector normal** de una recta a cualquier vector perpendicular a dicha recta. Por lo tanto, un vector normal de la recta $Ax + By + C = 0$ tendría las coordenadas:

$$\vec{u} = (u_1, u_2) = (A, B)$$

ACTIVIDAD RESUELTA

Una recta pasa por el punto P (–8 , –2) y tiene de vector director $\vec{v} = (3, 4)$. Escribe sus ecuaciones en forma implícita, explícita y punto-pendiente.

Ecuación implícita. Si $A = v_2 = 4$, $B = -v_1 = -3$, y $C = v_1 \cdot y_1 - v_2 \cdot x_1 = 26$, entonces: $4x - 3y + 26 = 0$

Ecuación explícita:

$$\begin{cases} m = -\frac{A}{B} = -\frac{4}{-3} = \frac{4}{3} \\ n = -\frac{C}{B} = \frac{-26}{-3} = \frac{26}{3} \end{cases} \Rightarrow$$

$$\Rightarrow y = mx + n \Rightarrow y = \frac{4}{3}x + \frac{26}{3}$$

Ecuación punto-pendiente:

$$y - y_1 = m\,(x - x_1) \Rightarrow$$

$$\Rightarrow y - (-2) = \frac{4}{3}[x - (-8)] \Rightarrow$$

$$\Rightarrow y + 2 = \frac{4}{3}(x + 8)$$

ACTIVIDADES

26 Halla la ecuación vectorial y las ecuaciones paramétricas de la recta r, que pasa por los puntos P (–6 , 2) y Q (5 , 8), y de la recta s, cuyo vector director es $\vec{u} = (2, -7)$ y que pasa por el punto R (3 , –8).

27 Halla la ecuación de la recta r, que es paralela a la recta t: $4x + y = 0$ y que pasa por el punto P (–3 , 5), y de la recta s, que es perpendicular a la recta u: $5x - 3y - 6 = 0$ y que pasa por el punto Q (4 , –2).

05 Posiciones relativas de dos rectas

En el plano dos rectas pueden tener distintas posiciones relativas:

- Dos rectas son **paralelas** cuando no tienen ningún punto en común (A).
- Dos rectas son **coincidentes** cuando son comunes todos sus puntos (B).
- Dos rectas son **secantes** cuando se cortan en un punto (C).

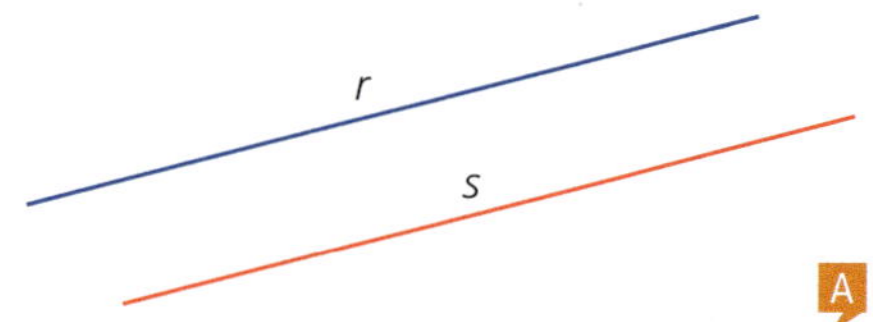

A
Rectas paralelas.

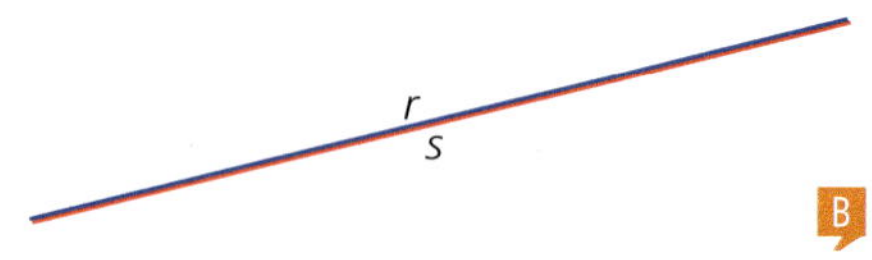

B
Rectas coincidentes.

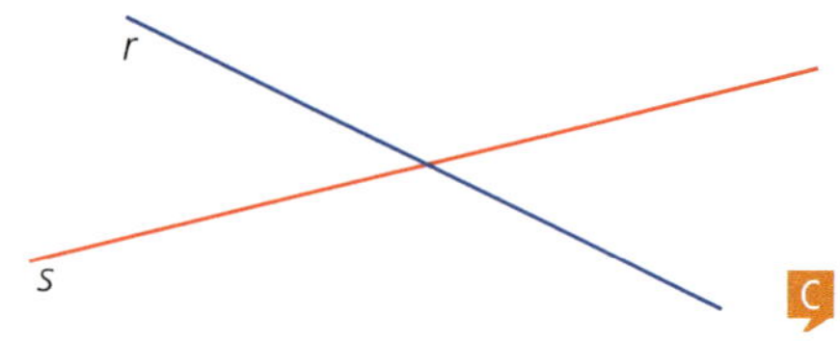

C
Rectas secantes.

Podemos diferenciar las distintas posiciones relativas en **función** de los **vectores directores de las rectas:**

Rectas paralelas

Los vectores directores son paralelos y no tienen ningún punto en común.

Rectas coincidentes

Los vectores directores son paralelos y tienen todos los puntos en común.

Rectas secantes

Sus vectores directores no son paralelos.

Analíticamente, dos rectas forman un sistema lineal de dos ecuaciones con dos incógnitas. De este modo, al resolver este sistema de ecuaciones, las soluciones del mismo determinarán las posiciones relativas de dichas rectas:

Sistema incompatible

El sistema carece de solución, con lo que las rectas no tienen ningún punto en común y son, por tanto, **paralelas.**

Compatible determinado

El sistema tiene una única solución, y las rectas son, por tanto, **secantes.**

Compatible indeterminado

El sistema tiene infinitas soluciones, por lo que las rectas serán **coincidentes.**

A partir de este análisis sobre las posiciones relativas de las rectas, vamos a concretar cómo determinar de forma rápida la posición relativa de dos rectas si están expresadas de manera implícita o explícita.

Posiciones relativas de dos rectas expresadas con ecuaciones implícitas

Si tenemos dos rectas expresadas de forma implícita $\left.\begin{matrix} Ax + By + C = 0 \\ A'x + B'y + C' = 0 \end{matrix}\right\}$, su posición relativa dependerá de los coeficientes y de los términos independientes de la siguiente forma:

Rectas coincidentes

Tienen todos sus términos proporcionales:

$$\frac{A}{A'} = \frac{B}{B'} = \frac{C}{C'}$$

Rectas paralelas

Los vectores directores de las rectas son paralelos, pero no tienen ningún punto en común:

$$\frac{A}{A'} = \frac{B}{B'} \neq \frac{C}{C'}$$

Rectas secantes

Los vectores directores de las rectas no son paralelos:

$$\frac{A}{A'} \neq \frac{B}{B'}$$

ACTIVIDAD RESUELTA

Indica la posición relativa de las rectas r: $3x + 5y + 4 = 0$ y s: $-6x - 10y + 8 = 0$.

Como $\frac{A}{A'} = \frac{B}{B'} \neq \frac{C}{C'}$, ya que $\frac{3}{-6} = \frac{5}{-10} \neq \frac{4}{8}$, entonces las rectas r y s son paralelas.

Posiciones relativas de dos rectas expresadas con ecuaciones explícitas

Consideremos estas dos rectas expresadas de forma explícita, $\left.\begin{matrix} y = mx + n \\ y = m'x + n' \end{matrix}\right\}$:

Rectas coincidentes

Las rectas tienen la misma pendiente y todos los puntos en común:

$m = m'$ y $n = n'$

Rectas paralelas

Las rectas tienen la misma pendiente, pero no tienen ningún punto en común:

$m = m'$ y $n \neq n'$

Rectas secantes

Las rectas no son paralelas y sus pendientes son distintas:

$m \neq m'$

Si las rectas están expresadas en cualquier otra forma, bastaría con resolver el sistema lineal que forman para determinar su posición relativa.

ACTIVIDAD RESUELTA

Indica la posición relativa de las rectas $r: \begin{cases} x = 3 + 4k \\ y = 5 + 9k \end{cases}$ y $s: \begin{cases} x = -2 + 3k' \\ y = -1 + 6k' \end{cases}$, donde k y k' $\in \mathbb{R}$.

Se igualan las incógnitas y se resuelve el sistema resultante de incógnitas *k* y *k'*:

$$\left.\begin{matrix} 3 + 4k = -2 + 3k' \\ 5 + 9k = -1 + 6k' \end{matrix}\right\} \Rightarrow \left.\begin{matrix} 4k - 3k' = -5 \\ 9k - 6k' = -6 \end{matrix}\right\} \Rightarrow$$

$$\Rightarrow \left.\begin{matrix} -8k + 6k' = 10 \\ 9k - 6k' = -6 \end{matrix}\right\} \Rightarrow \left.\begin{matrix} k = 4 \\ k' = 7 \end{matrix}\right\}$$

Como el sistema es compatible determinado, las rectas son secantes y el punto de corte, resultante de sustituir el valor de *k* y *k'* en las ecuaciones paramétricas, es (19 , 41).

ACTIVIDADES

28 Indica cuál es la posición relativa de las siguientes rectas y señala el punto de corte en el caso de rectas secantes:

a. $\left.\begin{matrix} r: 2x - y + 4 = 0 \\ s: 5x - y - 3 = 0 \end{matrix}\right\}$

b. $\left.\begin{matrix} r: 3x + 7y + 4 = 0 \\ s: 6x + 14y + 8 = 0 \end{matrix}\right\}$

c. $\left.\begin{matrix} r: 12x - 10y + 4 = 0 \\ s: -6x - 5y + 2 = 0 \end{matrix}\right\}$

d. $\left.\begin{matrix} r: 3x + 5y + 4 = 0 \\ s: -6x - 10y + 8 = 0 \end{matrix}\right\}$

29 Estudia las posiciones relativas de las rectas propuestas. En el caso de que sean secantes, halla el punto de intersección de las rectas.

a. $\left.\begin{matrix} y = 2x + 3 \\ y = 2x + 5 \end{matrix}\right\}$

b. $\left.\begin{matrix} y = 7x + 3 \\ y = -4x + 2 \end{matrix}\right\}$

30 Determina el punto de intersección de las siguientes rectas: $r: y - 5 = 2 \cdot (x - 9)$ y $s: y + 9 = -3 \cdot (x - 2)$

31 Expresa cuál es la posición relativa de estas rectas en el plano e indica el punto de intersección en el caso de que las rectas sean secantes:

a. $r: \dfrac{x-2}{5} = \dfrac{y-1}{2}$; $s: \begin{cases} x = 3 + 4k \\ y = 4 - k \end{cases}$, $k \in \mathbb{R}$

b. $r: \dfrac{x-3}{8} = \dfrac{y+5}{-6}$; $s: 3x + 4y - 2 = 0$

c. $r: \dfrac{x+3}{4} = \dfrac{y-2}{5}$; $s: 5x - 4y + 23 = 0$

32 ¿Cuánto tiene que valer *m* para que las rectas $r: y = mx$ y $s: \dfrac{x-5}{2} = \dfrac{y+2}{3}$ sean paralelas?

33 Halla el valor de *C* para que las rectas $r: 3x - 2y + C = 0$ y $s: \dfrac{x-5}{2} = \dfrac{y+2}{3}$ sean coincidentes.

06 Relaciones métricas

Los elementos geométricos del plano se relacionan entre sí a partir de las medidas existentes entre ellos. A continuación, estudiaremos algunos ejemplos de dichas relaciones métricas.

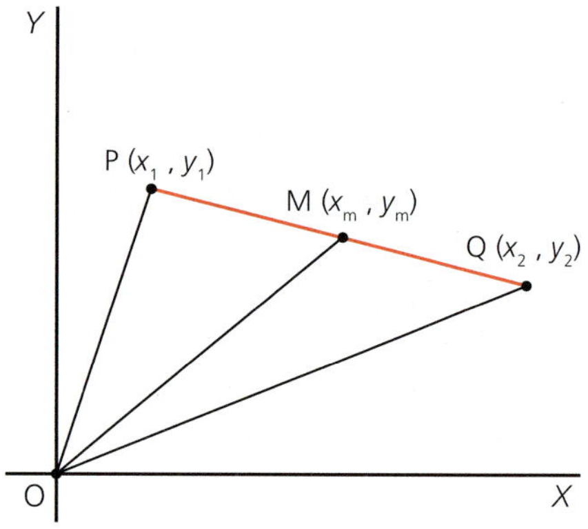

06.1 Punto medio de un segmento

Si se considera el dibujo del margen, se constatan las siguientes relaciones:

$$\left.\begin{array}{l}\overrightarrow{OM} = \overrightarrow{OP} + \overrightarrow{PM} = \overrightarrow{OP} + \frac{1}{2}\overrightarrow{PQ} \\ \overrightarrow{OQ} = \overrightarrow{OP} + \overrightarrow{PQ} \Rightarrow \overrightarrow{PQ} = \overrightarrow{OQ} - \overrightarrow{OP}\end{array}\right\} \Rightarrow \overrightarrow{OM} = \overrightarrow{OP} + \frac{1}{2}\left(\overrightarrow{OQ} - \overrightarrow{OP}\right) = \frac{1}{2}\left(\overrightarrow{OP} + \overrightarrow{OQ}\right)$$

Sustituyendo las coordenadas de los puntos M (x_m, y_m), P (x_1 , y_1) y Q (x_2 , y_2) en la expresión anterior, se obtienen las coordenadas del punto medio del segmento:

$$(x_m , y_m) = \frac{1}{2}[(x_1 , y_1) + (x_2 , y_2)] \Rightarrow (x_m , y_m) = \left(\frac{x_1 + x_2}{2} , \frac{y_1 + y_2}{2}\right)$$

Las coordenadas del **punto medio**, M (x_m , y_m), de un segmento, $\overline{PQ}$, son la semisuma de las coordenadas de los extremos, P (x_1 , y_1) y Q (x_2 , y_2), de dicho segmento:

$$(x_m , y_m) = \left(\frac{x_1 + x_2}{2} , \frac{y_1 + y_2}{2}\right)$$

ACTIVIDAD RESUELTA

Halla el punto medio del segmento que tiene por extremos P (7 , −3) y Q (3 , 9).

$$(x_m , y_m) = \left(\frac{x_1 + x_2}{2} , \frac{y_1 + y_2}{2}\right) =$$
$$= \left(\frac{7 + 3}{2} , \frac{-3 + 9}{2}\right) = (5 , 3)$$

Las coordenadas del punto medio son pues M (5 , 3).

06.2 Puntos alineados

Tres puntos, A (x_1 , y_1), B (x_2 , y_2) y C (x_3 , y_3), están alineados si los vectores $\overrightarrow{AB}$ y $\overrightarrow{BC}$ tienen la misma dirección, es decir, si son paralelos.

Para que $\overrightarrow{AB}$ sea paralelo a $\overrightarrow{BC}$, las coordenadas de $\overrightarrow{AB}$, ($x_2 - x_1$, $y_2 - y_1$), tienen que ser proporcionales a las coordenadas de $\overrightarrow{BC}$, ($x_3 - x_2$, $y_3 - y_2$).

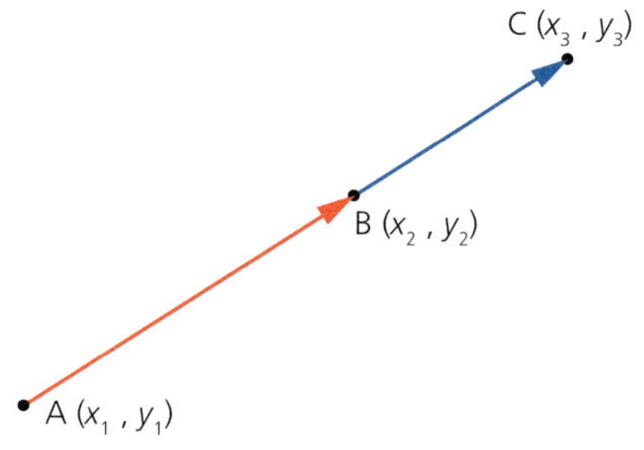

Tres **puntos**, A, B y C, están **alineados** si:

$$\frac{x_2 - x_1}{y_2 - y_1} = \frac{x_3 - x_2}{y_3 - y_2}$$

ACTIVIDAD RESUELTA

Comprueba si los puntos A (4 , −2), B (12 , 2) y C (16 , 4) están alineados.

$$\left.\begin{array}{l}\overrightarrow{AB} = (8 , 4) \\ \overrightarrow{BC} = (4 , 2)\end{array}\right\} \Rightarrow \frac{8}{4} = \frac{4}{2} = 2 \Rightarrow \overrightarrow{AB} \parallel \overrightarrow{BC}$$

Como los vectores son paralelos, por ser sus coordenadas proporcionales, los puntos A, B y C están, en efecto, alineados.

06.3 Haz de rectas

Teniendo en cuenta la ecuación punto-pendiente de la recta, tenemos que la recta que pasa por el punto P (x_1, y_1) es $y - y_1 = m(x - x_1)$, con $m \in \mathbb{R}$. Si se varía el valor de la pendiente, se obtienen las distintas rectas que pasan por dicho punto P. Por ello, a la expresión anterior se la denomina **haz de rectas** (A).

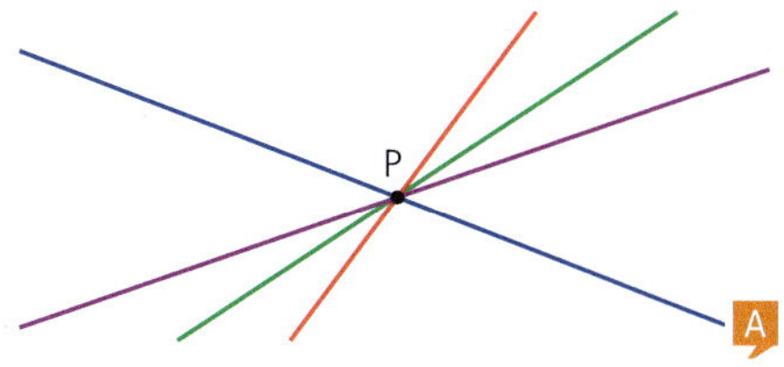

Haz de rectas.

06.4 Haz de rectas paralelas

Tomando la ecuación de la recta en forma implícita, r: $Ax + By + C = 0$, si se varía el valor de C sin modificar el valor de A y de B, se obtiene un **haz de rectas paralelas** a la primera recta (B).

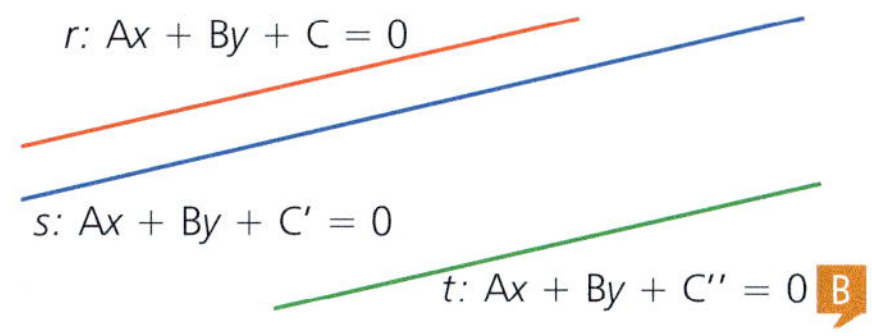

Haz de rectas paralelas.

ACTIVIDADES

34 Calcula las coordenadas del punto medio de los segmentos formados por los siguientes puntos:

a. A (3 , 7), B (9 , 5)
b. A (1 , 9), B (−3 , −2)
c. A (−5 , 8), B (7 , −7)
d. A (2 , −3), B (−1 , −6)

ACTIVIDAD RESUELTA

35 Halla el punto simétrico del punto A (4 , 6) respecto del punto P (2 , 1).

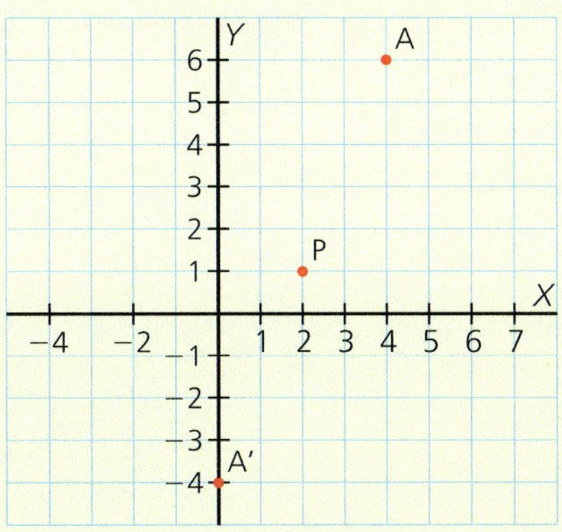

Como se ve en el dibujo, el punto P (2 , 1) es el punto medio del segmento $\overline{AA'}$, donde A' (x_1, y_1) es el punto simétrico del punto A.

Por tanto, las coordenadas del punto P son iguales a la semisuma de las coordenadas de los puntos A y A':

$$\left.\begin{array}{l} 2 = \dfrac{4 + x_1}{2} \\ 1 = \dfrac{6 + y_1}{2} \end{array}\right\} \Rightarrow \left.\begin{array}{l} 4 + x_1 = 4 \\ 6 + y_1 = 2 \end{array}\right\} \Rightarrow \left.\begin{array}{l} x_1 = 0 \\ y_1 = -4 \end{array}\right\}$$

De este modo, las coordenadas pedidas son A' (0 , −4).

36 Halla las coordenadas del punto simétrico del punto A respecto del punto P en los siguientes casos:

a. A (2 , 1), P (−2 , 0)
b. A (0 , −7), P (1 , 1)
c. A (−4 , 9), P (2 , −2)
d. A (−3 , −3), P (6 , 2)

37 Indica si los siguientes puntos están alineados:

a. A (2 , 5), B (3 , 10), C (5 , 20)
b. A (−3 , 4), B (12, −15), C (6 , −3)

38 Halla el valor de x_1, para que los puntos A (−8 , 3), B $(x_1, 2)$ y C (4 , 9) estén alineados.

39 ¿Qué relación tiene que haber entre x_1 e y_1 para que los puntos A (x_1, y_1), B (0 , 5) y C (3 , 2) estén alineados?

40 Un cuadrilátero es un paralelogramo si cumple que sus diagonales se cortan en su punto medio. Utilizando esta propiedad, determina si el cuadrilátero determinado por sus vértices, A (2 , 3), B (7 , 3), C (9 , 1) y D (4 , 1), es un paralelogramo.

41 Dibuja en tu cuaderno las siguientes situaciones:

a. Un haz de rectas que pasan por el punto P (3 , 5).
b. Un haz de rectas paralelas a la recta r: $3x - 2y - 5 = 0$.

42 Los puntos P (−2 , 1) y Q (3 , −2) son dos puntos opuestos de un rectángulo. ¿Cuánto mide su diagonal? ¿Cuáles son las coordenadas de su centro?

43 Si unimos los puntos A (2 , 6), B (5 , 4) y C (11 , 0), ¿podemos obtener un triángulo? ¿Por qué?

06.5 Distancia entre dos puntos

La **distancia** entre dos puntos, P (x_1 , y_1) y Q (x_2 , y_2), viene determinada por el módulo del vector, $\overrightarrow{PQ}$, que une dichos puntos:

$$d(P, Q) = |\overrightarrow{PQ}| = \sqrt{(x_2 - x_1)^2 + (y_2 - y_1)^2}$$

Las siguientes son **propiedades** de la distancia entre dos puntos:

Propiedad 1

Siempre es mayor o igual que cero:

$$d(P, Q) \geq 0$$

Propiedad 2

Es cero si los puntos son los mismos:

$$d(P, Q) = 0 \Leftrightarrow P = Q$$

Propiedad 3

La distancia de un punto a otro es igual que la distancia del segundo al primero:

$$d(P, Q) = d(Q, P)$$

Propiedad 4

Desigualdad triangular. La distancia entre dos puntos es menor o igual que la distancia entre el primero y otro punto más la distancia entre dicho punto y el segundo:

$$d(P, Q) \leq d(P, R) + d(R, Q)$$

06.6 Distancia entre un punto y una recta

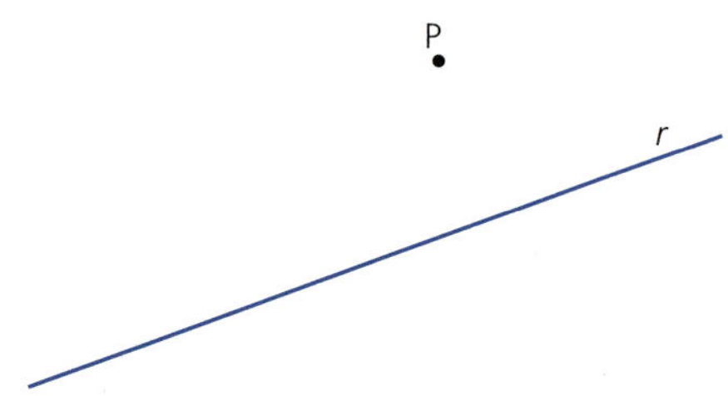

La **distancia entre un punto,** P (x_1 , y_1), y **una recta,** r: $Ax + By + C = 0$, es la longitud del segmento perpendicular a la recta que une el punto P y la recta r:

$$d(P, r) = \frac{|Ax_1 + By_1 + C|}{\sqrt{A^2 + B^2}}$$

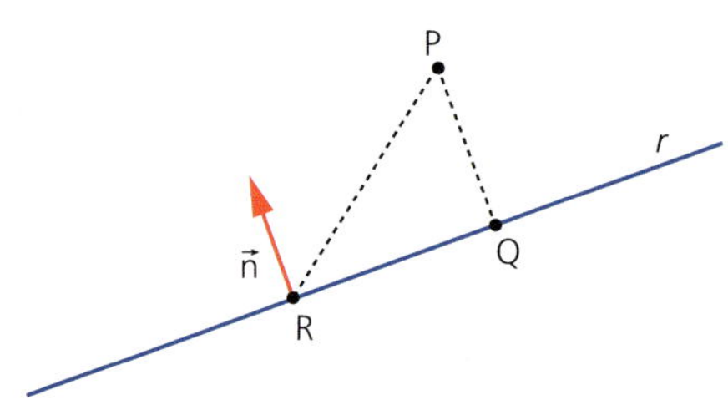

En efecto, considérese el dibujo del margen, donde R (x_2 , y_2) es un punto cualquiera de la recta r, Q (x_3 , y_3) es el punto de la recta r que se encuentra en la recta perpendicular a r que pasa por el punto P, y $\vec{n} = (A, B)$ es el vector normal de la recta. Según esto, se cumplen las siguientes relaciones:

$$d(P, r) = d(P, Q) = |\overrightarrow{PQ}| \text{ y } \overrightarrow{RP} = \overrightarrow{RQ} + \overrightarrow{QP} \Rightarrow \overrightarrow{RP} \cdot \vec{n} = \overrightarrow{RQ} \cdot \vec{n} + \overrightarrow{QP} \cdot \vec{n}$$

Como $\overrightarrow{RQ}$ y $\vec{n}$ son perpendiculares, entonces $\overrightarrow{RQ} \cdot \vec{n} = 0$, con lo que:

$$\overrightarrow{RP} \cdot \vec{n} = \overrightarrow{QP} \cdot \vec{n} \Rightarrow \overrightarrow{RP} \cdot \vec{n} = |\overrightarrow{QP}| \cdot |\vec{n}| \cdot \cos 0° \Rightarrow |\overrightarrow{QP}| = \frac{\overrightarrow{RP} \cdot \vec{n}}{|\vec{n}|}$$

Dado que R es un punto de la recta, se cumple que:

$$Ax_2 + By_2 + C = 0 \Rightarrow C = -Ax_2 - By_2$$

De esta forma:

$$\overrightarrow{RP} \cdot \vec{n} = (x_1 - x_2 , y_1 - y_2) \cdot (A, B) = (x_1 - x_2)A + (y_1 - y_2)B =$$

$$= x_1 A - x_2 A + y_1 B - y_2 B = Ax_1 + By_1 - x_2 A - y_2 B = Ax_1 + By_1 + C$$

Finalmente, sustituyendo en la fórmula de la distancia:

$$d(P, r) = |\overrightarrow{PQ}| = \frac{|\overrightarrow{RP} \cdot \vec{n}|}{|\vec{n}|} = \frac{|Ax_1 + By_1 + C|}{\sqrt{A^2 + B^2}}$$

ACTIVIDAD RESUELTA

Halla la distancia entre los puntos P (–3 , 5) y Q (4 , 6).

$$d(P, Q) = |\overrightarrow{PQ}| =$$
$$= \sqrt{[4 - (-3)]^2 + (6 - 5)^2} =$$
$$= \sqrt{7^2 + 1^2} = \sqrt{50} = 5\sqrt{2}$$

06.7 Distancia entre dos rectas paralelas

Calcular la distancia entre dos rectas paralelas es equivalente a hallar la distancia entre un punto de una de ellas y la otra recta. De este modo, sean las rectas paralelas r: $Ax + By + C = 0$ y s: $Ax + By + C' = 0$ y un punto, P (x_1 , y_1), de la recta r, tenemos entonces que, como P $(x_1 , y_1) \in r \Rightarrow Ax_1 + By_1 + C = 0 \Rightarrow$ $\Rightarrow Ax_1 + By_1 = -C$

La **distancia entre dos rectas paralelas,** r: $Ax + By + C = 0$ y s: $Ax + By + C' = 0$, viene dada por la expresión:

$$d(r, s) = d(P, s) = \frac{|Ax_1 + By_1 + C'|}{\sqrt{A^2 + B^2}} = \frac{|C' - C|}{\sqrt{A^2 + B^2}}$$

ACTIVIDAD RESUELTA

Halla la distancia entre las rectas paralelas r: $3x - 4y + 7 = 0$ y s: $3x - 4y + 5 = 0$.

$$d(r, s) = \frac{|C' - C|}{\sqrt{A^2 + B^2}} = \frac{|5 - 7|}{\sqrt{3^2 + (-4)^2}} = \frac{|-2|}{\sqrt{25}} = \frac{2}{5}$$

ACTIVIDADES

44 Establece la distancia entre los siguientes puntos:

a. P (2 , –1), Q (7 , –3)

b. P (17 , 3), Q (–8 , –6)

c. P (–20 , 18), Q (11 , 15)

d. P (9 , –6), Q (12 , 14)

45 Calcula la distancia existente entre un punto y una recta en los siguientes casos:

a. P (–5 , 1), r: $3x + 2y - 12 = 0$

b. P (–25 , –30), r: $15x - 12y - 55 = 0$

c. P (50 , 20), r: $8x + 9y - 18 = 0$

d. P (33, –17), r: $-12x - 19y + 78 = 0$

46 Un cuadrilátero está formado por los puntos A (–4 , 3), B (1 , 6), C (2 , –1) y D (–1 , 0). Halla el perímetro de dicho cuadrilátero.

47 Calcula el perímetro del cuadrilátero formado por los puntos A (–1 , 2), B (2 , 5), C (6 , 1) y D (2, –1).

48 Halla la ecuación de las siguientes rectas y calcula su distancia al punto P (–8 , 5):

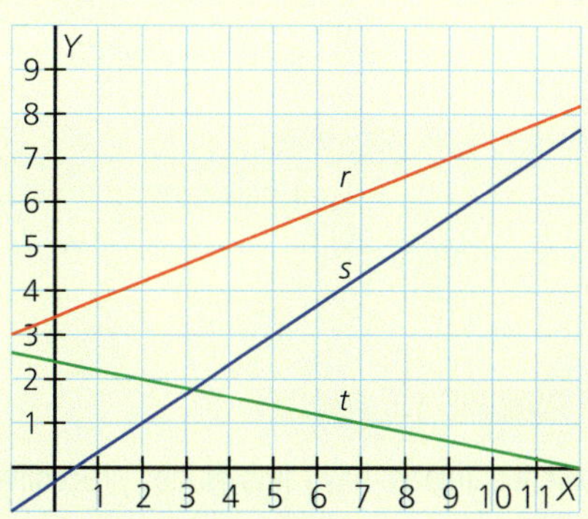

49 Determina la distancia existente entre las siguientes rectas paralelas:

a. r: $8x + 5y - 12 = 0$ y s: $8x + 5y + 10 = 0$

b. r: $-x - y + 9 = 0$ y s: $-x - y - 2 = 0$

c. r: $7x - 3y + 20 = 0$ y s: $7x - 3y - 4 = 0$

d. r: $-6x + 3y - 8 = 0$ y s: $-6x + 3y + 11 = 0$

e. r: $2x - y - 1 = 0$ y s: $2x - y + 1 = 0$

HERRAMIENTAS TECNOLÓGICAS

Geometría analítica con GeoGebra

El programa GeoGebra hace posible la realización de múltiples aplicaciones de geometría analítica. Con este fin, se activa la cuadrícula para facilitar las representaciones.

Representación de vectores

Hay dos procedimientos para representar de vectores:

1.er procedimiento. En la **Vista Gráfica,** se selecciona el botón [Vector] para dibujar un vector. Una vez seleccionado, se hace clic primero en el punto que se elija como origen y, a continuación, en el punto que vaya a ser su extremo.

2.º procedimiento. A través de la barra de **Entrada** también es posible dibujar vectores con los siguientes comandos (A):

- **Vector[<Punto>].** Dibuja un vector con origen en (0 , 0) y extremo en el punto indicado. Por ejemplo, el comando **Vector[(3,-1)]** creará el vector $\vec{u}$, con origen en (0 , 0) y extremo en (3 , –1).
- **Vector[<Punto inicial>,<Punto final>].** Traza un vector con el origen y el extremo señalados. Así, el comando **Vector[(1,2),(5,3)]** dibujará el vector $\vec{v}$ = (4 , 1), con origen en (1 , 2) y extremo en (5 , 3).

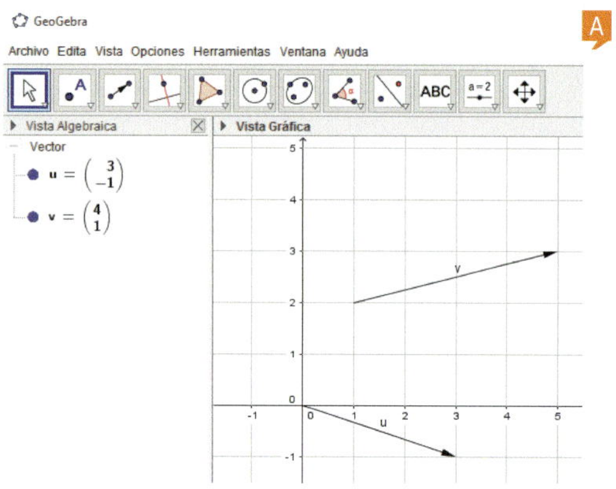

Representación de rectas

Para representar rectas, hay también dos procedimientos:

1.er procedimiento. En la **Vista Gráfica** se selecciona el botón [Recta] a fin de dibujar una recta. Una vez seleccionado, hacemos clic en dos puntos por los que pasará dicha recta.

2.º procedimiento. Mediante la barra de **Entrada** también se puede dibujar rectas con los siguientes comandos (B):

- **Recta[<Punto>,<Punto>].** Dibuja una recta que pasa por los dos puntos indicados. Con el comando **Recta[(2,5),(4,2)],** por ejemplo, se dibuja la recta *a:* $3x + 2y = 16$, que pasa por dichos puntos.
- **Recta[<Punto>,<Vector director>].** Genera una recta que pasa por el punto dado y tiene como vector director el especificado. Así, el comando **Recta[(5,3),Vector[(-2,-1)]]** traza la recta *b:* $-x + 2y = 1$.

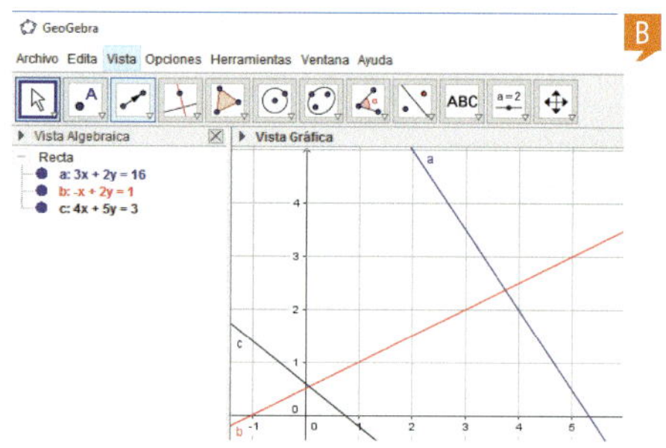

También se puede escribir simplemente la ecuación de la recta, por ejemplo *c:* $4x + 5y = 3$.

Relaciones métricas

Los siguientes son comandos que permiten hallar distintas relaciones métricas:

- **EstánAlineados[<Punto>,<Punto>,<Punto>].** Indica si tres puntos están o no alineados; nos devuelve *false* si no lo están y *true* en el caso de que sí lo estén (C).
- **Distancia[<Punto>,<Punto>].** Calcula la distancia entre dos puntos (D).
- **Distancia[<Punto>,<Recta>].** Calcula la distancia entre un punto y una recta (E).
- **Distancia[<Recta>,<Recta>].** Calcula la distancia entre dos rectas paralelas (F).
- **PuntoMedio[<Punto>,<Punto>].** Halla el punto medio entre dos puntos dados (G).

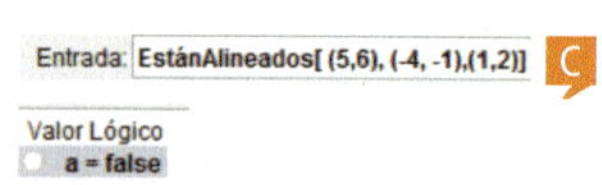

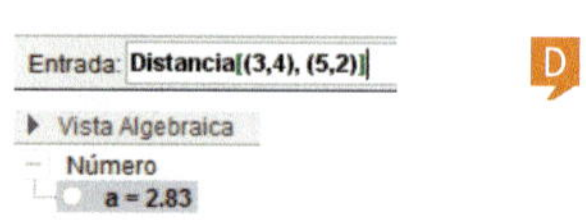

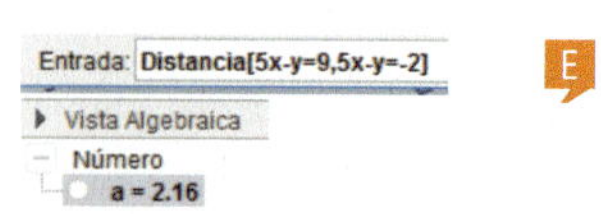

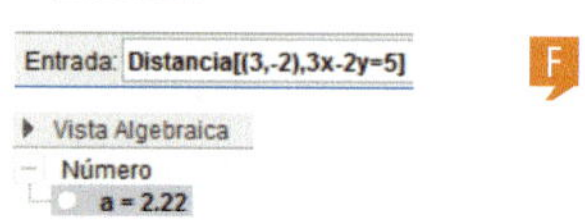

APRENDO A APRENDER

Copia, completa e ilustra en tu cuaderno el siguiente mapa conceptual y después contesta a las preguntas. También lo puedes realizar en el ordenador con el programa **CmapTools.**

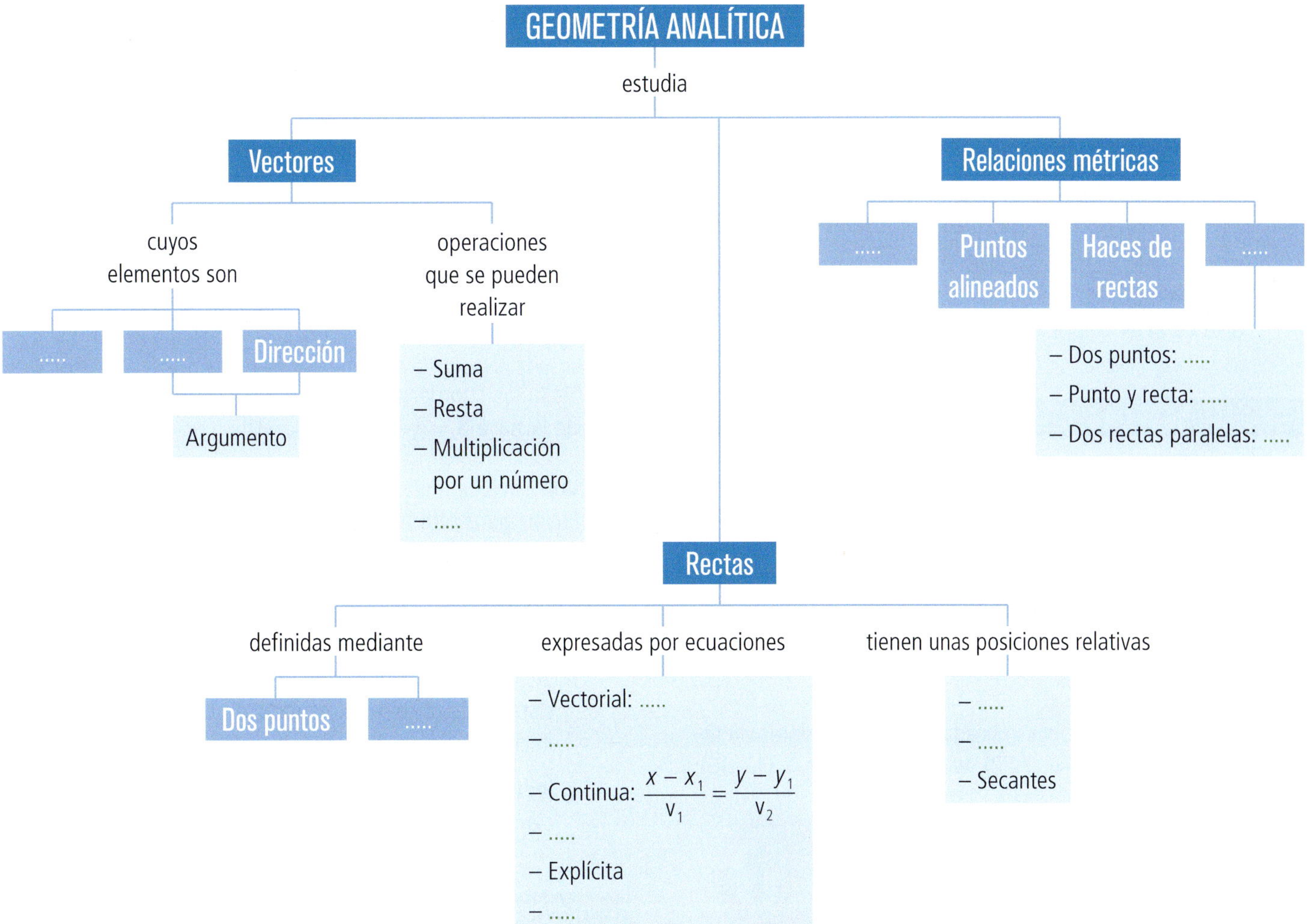

ACTIVIDADES

1 Indica qué es un vector y cuáles son sus elementos.

2 Expón cómo saber si dos vectores son paralelos. ¿Y si son o no perpendiculares? ¿Cómo se puede establecer qué ángulo forman dos vectores?

3 ¿Qué diferencia existe entre vectores linealmente dependientes y linealmente independientes?

4 ¿Qué elementos se necesitan para definir una recta?

5 ¿Qué es una base del espacio vectorial?

6 Indica las expresiones de las diferentes ecuaciones en que se puede expresar una recta a partir de uno de sus puntos, P (x_1, y_1), y de su vector director, $\vec{u} = (u_1, u_2)$.

7 ¿Qué posiciones relativas puede haber entre dos rectas?

8 Escribe las expresiones necesarias para calcular la distancia existente entre dos puntos, entre un punto y una recta y entre dos rectas paralelas.

9 Prepara una presentación para tus compañeros sobre los vectores, las rectas y las relaciones métricas. Puedes hacer un documento PowerPoint, usar Glogster…

REPASO FINAL

VECTORES EN EL PLANO

1 Representa los siguientes vectores y dibuja su vector opuesto y un vector equipolente:

a. $\vec{u} = (-6, 5)$

b. $\vec{v} = (2, 4)$

c. $\vec{w} = (-3, -5)$

2 Dados los puntos A (–5 , 12), B (15 , 20), C (19 , –3), D (–4 , –18) y E (23 , 29), halla las coordenadas de los vectores $\overrightarrow{AB}$, $\overrightarrow{CD}$, $\overrightarrow{ED}$, $\overrightarrow{AE}$, $\overrightarrow{DB}$, $\overrightarrow{BC}$ y $\overrightarrow{AC}$ y calcula sus respectivos módulos y argumentos. Representa dichos vectores con GeoGebra.

OPERACIONES CON VECTORES

3 A partir de los vectores $\vec{u} = (3, -1)$ y $\vec{v} = (4, -5)$, realiza gráficamente las siguientes operaciones:

a. $\vec{u} + \vec{v}$

b. $\vec{u} - \vec{v}$

c. $\vec{v} - \vec{u}$

4 Efectúa las operaciones indicadas con los siguientes vectores $\vec{u} = (-3, 8)$, $\vec{v} = (7, 2)$, $\vec{w} = (-4, -6)$ y $\vec{t} = (1, -10)$:

a. $3\vec{u} - 2\vec{v} + 5\vec{w} - 6\vec{t}$

b. $2(\vec{v} + \vec{w}) - (\vec{u} - \vec{t})$

c. $-4(\vec{u} - \vec{w} - \vec{t}) + 3\vec{v}$

d. $(\vec{u} - \vec{v}) - (\vec{v} - \vec{w}) - (\vec{t} - \vec{u})$

5 Calcula el producto escalar de los siguientes vectores:

a. $\vec{u} = (-15, 20)$, $\vec{v} = (2, -4)$

b. $\vec{u} = (-17, 22)$, $\vec{v} = (1, -9)$

6 De entre los siguientes vectores, indica cuáles son perpendiculares y cuáles son paralelos. Determina el ángulo que forman los que no pertenezcan a ninguno de los dos tipos:

a. $\vec{u} = (4, 2)$, $\vec{v} = (6, 3)$

b. $\vec{u} = (1, 3)$, $\vec{v} = (-2, 5)$

c. $\vec{u} = (10, -6)$, $\vec{v} = (-35, 21)$

d. $\vec{u} = (-3, 2)$, $\vec{v} = (-10, 15)$

VECTORES DEPENDIENTES E INDEPENDIENTES. BASE DEL ESPACIO VECTORIAL. SISTEMA DE REFERENCIA

7 Halla el valor de *a* y *b* para que los siguientes vectores sean linealmente dependientes:

a. $\vec{u} = (13, -18)$ y $\vec{v} = (-39, a)$

b. $\vec{u} = (b, 451)$ y $\vec{v} = (12, 11)$

8 ⊕ Escribe el vector $\vec{w} = (-24, 17)$ como combinación lineal de los vectores $\vec{u} = (-2, 8)$ y $\vec{v} = (9, 3)$.

9 ⊕ ¿Pueden los vectores $\vec{u} = (12, -5)$ y $\vec{v} = (3, -1)$ formar una base en el plano? ¿Y los vectores $\vec{u} = (4, 6)$ y $\vec{v} = (6, 9)$?

10 Halla las coordenadas del vector $\vec{u} = (4, -10)$ respecto de la base B = {(–2 , 1), (–6 , –1)}.

11 ⊕⊕ Considera un sistema de referencia y realiza una traslación para obtener un nuevo sistema de referencia, de modo que el punto P (4 , 5) se transforme en el punto P' (2 , 1). Contesta después a las siguientes preguntas:

a. ¿Cuál es el vector de traslación?

b. ¿Cuáles son las coordenadas del origen en el nuevo sistema de referencia respecto al sistema de referencia inicial?

c. Indica las coordenadas en el nuevo sistema de referencia de los puntos Q (–3 , 4) y R (3 , 1).

ECUACIONES DE LA RECTA

12 Escribe los distintos tipos de ecuaciones de la recta para la recta *r* que pasa por los puntos P (–3 , 2) y Q (8 , 4), y para la recta *s* que pasa por el punto R (–1 , –4) y cuyo vector director es $\vec{u} = (9, 5)$.

13 Indica la ecuación general de la recta de los ejes coordenados y de las bisectrices de los cuadrantes.

14 Escribe las siguientes rectas en el resto de las distintas formas en que se puede expresar:

a. $r: \begin{cases} x = 2 + 7k \\ y = -5 - 8k \end{cases}, k \in \mathbb{R}$

b. $s: \dfrac{x-5}{3} = \dfrac{y+6}{2}$

c. $t: y - 9 = 2 \cdot (x + 8)$

EVALUACIÓN

15 Halla la ecuación de la recta que es paralela a la recta $r: -x - 3y - 8 = 0$ y pasa por el punto P (12 , 7).

16 Halla la ecuación de la recta que es perpendicular a la recta $r: 9x + 8y + 3 = 0$ y pasa por el punto P (–3 , –2).

POSICIONES RELATIVAS DE DOS RECTAS

17 Expresa la posición relativa de las siguientes rectas en el plano, indicando el punto de intersección en el caso de que las rectas sean secantes:

a. $r: \frac{x+4}{-2} = \frac{y-8}{-5}$ y $s: \begin{cases} x = 8 - 5k \\ y = 3 + 10k \end{cases}, k \in \mathbb{R}$

b. $r: \frac{x-4}{-6} = \frac{y-7}{10}$ y $s: 5x + 3y - 2 = 0$

c. $r: \begin{cases} x = 6 - k \\ y = 12 + 5k \end{cases}$ y $s: \begin{cases} x = 8 - k' \\ y = 12 - 5k' \end{cases}$, para k y $k' \in \mathbb{R}$

18 Halla el punto de intersección de estas rectas.

a. $\left.\begin{array}{l} r: 5x - 2y + 14 = 0 \\ s: y = \frac{5}{2}x + 7 \end{array}\right\}$

b. $\left.\begin{array}{l} r: 5x + 9y - 8 = 0 \\ s: -x - 4y + 5 = 0 \end{array}\right\}$

RELACIONES MÉTRICAS

19 Calcula las coordenadas del punto medio de los segmentos formados por los puntos indicados a continuación. Halla también la distancia entre dichos puntos y comprueba los resultados con GeoGebra.

a. A (12 , 15), B (–20, 35) b. A (–18 , –24), B (2 , 8)

20 Halla las coordenadas del punto simétrico del punto A (–3 , 7) respecto del punto P (4 , –5).

21 Indica si los puntos propuestos están alineados y comprueba el resultado con GeoGebra.

a. A (6 , –5), B (–3 , 9), C (–1 , –4)

b. A (–2 , 4), B (4 , 6), C (10 , 8)

22 Halla la distancia entre los siguientes elementos y verifica luego el resultado con GeoGebra:

a. P (3 , –12) y $r: -x + 5y + 9 = 0$

b. $r: 6x - 2y + 5 = 0$ y $s: 6x - 2y - 4 = 0$

1 Sean los puntos A (6 , –10) y B (4 , 6) las coordenadas del vector $\overrightarrow{AB}$ son:

a. (10 , – 4) c. (–4 , 10)
b. (2 , –16) d. (–2 , 16)

2 El punto medio del segmento formado por los puntos de la actividad anterior es:

a. (5 , –2) c. (–2 , 5)
b. (1 , –8) d. (–1 , 8)

3 Dados $\vec{u} = (1, -1)$, $\vec{v} = (3, -5)$ y $\vec{w} = (2, -9)$, el resultado de la operación $4 \cdot (\vec{u} - 3 \cdot \vec{v}) + 9 \cdot \vec{w} - u$ es:

a. (15 , –18) c. (–15 , –24)
b. (20 , –18) d. (–24 , 18)

4 El producto escalar de los vectores $\vec{u} = (10, -12)$ y $\vec{v} = (24, 15)$ es:

a. 438 b. 60 c. 41 d. 100

5 Las coordenadas del vector $\vec{u} = (13, 33)$ en la base B = {(–1 , 9), (–8 , –3)} son:

a. (5 , –3) c. (–3 , 1)
b. (2 , –1) d. (3 , –2)

6 El vector director y el vector normal de la recta $r: 3x - 4y + 10 = 0$, son respectivamente:

a. $\vec{u} = (-3, -4)$ y $\vec{n} = (3, 4)$ c. $\vec{u} = (4, 3)$ y $\vec{n} = (3, -4)$
b. $\vec{u} = (3, -4)$ y $\vec{n} = (3, 4)$ d. $\vec{u} = (-3, -4)$ y $\vec{n} = (-3, 4)$

7 El punto de intersección de las siguientes rectas es:

$r: \begin{cases} x = 16 - 3k \\ y = 2 - 6k \end{cases}, k \in \mathbb{R}$ $s: \begin{cases} x = 3 - 4k' \\ y = 1 + 12k' \end{cases}, k' \in \mathbb{R}$

a. (–5 , 8) c. (–2 , 6)
b. (4 , –3) d. (8 , –14)

8 La distancia entre el punto P (9 , 2) y la recta $r: -3x + 2y - 7 = 0$ es:

a. 8,32 c. –8,32
b. 3,25 d. 9,53

DIARIO DE APRENDIZAJE

Una vez estudiada la unidad, ¿con qué imágenes ilustraría yo la presentación?

Flippeando los cálculos con triángulos

TRABAJO COOPERATIVO

EN CASA

A continuación, presentamos un vídeo que tendrás que trabajar en casa, como preparación a las tareas que realizaremos conjuntamente en clase. Es preciso que les dediques tiempo y que trates de interiorizar todo lo que en ellos se explica.

1 Visualización del vídeo

Busca en YouTube el vídeo *Aplicaciones de la trigonometría* (https://www.youtube.com/watch?v=SHMVVPjsDhw) en el que podrás conocer algunas de las múltiples aplicaciones de la trigonometría en la resolución de problemas reales de diversa índole. Reproduce en tu cuaderno cada uno de los dibujos que se visualizan en el vídeo, a fin de poder realizar posteriormente en el aula los cálculos asociados a ellos.

2 Actividad *EdPuzzle*

Responde de manera razonada a las preguntas que se plantean a través de la herramienta *EdPuzzle.* Tu profesor te indicará cómo hacerlo.

3 Construcción de un goniómetro casero

Busca en YouTube el vídeo *Cómo hacer un goniómetro* (https://www.youtube.com/watch?v=_yI9aRrw0h8) y construye un goniómetro. Posteriormente lo utilizaremos para la realización de algunas actividades.

EN CLASE

Las sesiones de clase están orientadas a practicar los contenidos que has ido aprendiendo con tu trabajo en casa.

1 Resolución de dudas

Compararemos los dibujos relacionados con las actividades *EdPuzzle* con el objetivo de mejorar o corregir todo aquello que sea necesario. Comentad también las propuestas de resolución que habéis planificado en casa.

2 Medidas con el goniómetro

Con respecto al goniómetro, compararemos el que hemos fabricado con las construcciones realizadas por nuestros compañeros. Debe quedar claro cómo se utiliza este aparato para medir ángulos tanto de *depresión* como de *elevación* y su correspondiente justificación teórica.

- **Medición 1.** Medir la altura de un objeto (árbol, edificio,...) cuyo punto más elevado no sea accesible, utilizando un único *ángulo de elevación* sobre la visual del observador.
- **Medición 2.** Medir la altura de un objeto (árbol, edificio,...) cuya base o pie no sea accesible (o al menos lo supondremos) por el método de la doble medición, realizando dos mediciones por elevación sobre la visual del observador desde ubicaciones distintas, de modo que las ubicaciones estén alineadas con la base del objeto.

PBL. Aplicando trigonometría

TRABAJO COOPERATIVO

A continuación os presentamos el enunciado de un problema que plantea una situación que debéis resolver en grupo. Después de leerlo, se os indicará con qué recursos contáis y cómo debéis presentar el producto final.

Somos un grupo de amigos de 4.º ESO que nos preguntamos sobre si seríamos capaces de calcular la altura de un edificio, por ejemplo la de nuestro colegio. El profesor de Matemáticas nos ha dicho que usando la trigonometría y un goniómetro casero fácilmente construible, podríamos calcular cualquier altura.

Para que los cálculos sean más precisos, nos recomienda construir más de un goniómetro y realizar varias medidas de la altura del colegio, desde diferentes distancias, y a su vez realizadas por distintas personas. El objetivo es poder calcular el valor de la media aritmética de todas las medidas de altura calculadas, así como la desviación típica de la misma.

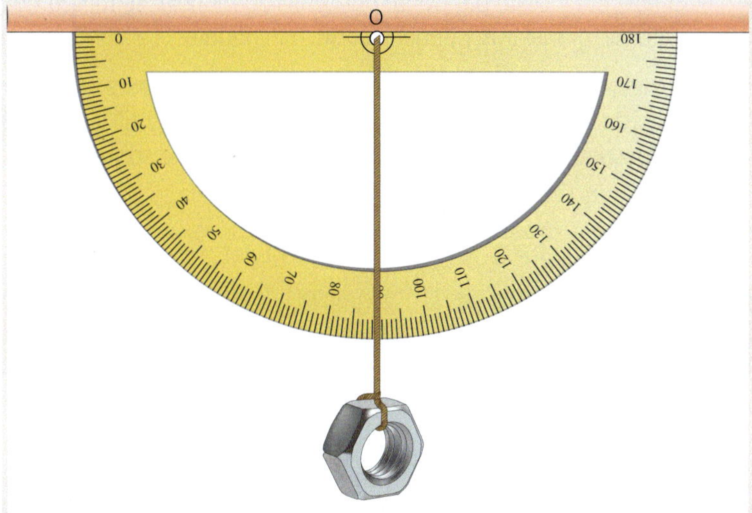

¿Os atrevéis a dar la medida del edificio de vuestro colegio? ¿Qué podéis observar de los ángulos obtenidos por el goniómetro cuando cambia la distancia de observación? ¿Existe mucha diferencia entre las medidas de la altura obtenidas con los distintos goniómetros? ¿Y entre las conseguidas por diferentes personas?

Nota: Para valorar la precisión de vuestro goniómetro, podéis calcular la altura de los distintos miembros del grupo utilizándolo, tumbados en el suelo desde distintas distancias y comparando la altura así obtenida con la conseguida al medir directamente con un metro.

Evalúa tu **talento emprendedor**

Te proponemos que realices esta autoevaluación teniendo en cuenta el trabajo que has realizado en el desarrollo de alguna de las propuestas de esta sección o de alguna otra propuesta de trabajo realizada a lo largo de este trimestre. ¿Dónde te sitúas tú?

AUTOEVALUACIÓN

	NIVEL MAESTRO	NIVEL AVANZADO	NIVEL APRENDIZ	NIVEL INICIAL
1. Disfrutas haciendo, junto a otras personas, actividades culturales y lúdicas de investigación, ciencia y tecnología.	He disfrutando mucho haciendo la actividad; realmente me ha gustado y he aprendido mucho.	En general me ha gustado la actividad y me ha parecido interesante para aprender.	Me ha resultado una actividad interesante, aunque no es de mis preferidas.	No me ha gustado la actividad; la he hecho porque no me quedaba más remedio que hacerla.

Las siguientes actividades proceden de preguntas liberadas de distintas convocatorias de pruebas PISA, o bien son estímulos semejantes a los empleados en dichas pruebas. Emplea todos tus conocimientos y todas tus habilidades para resolverlas.

BARCOS DE VELA

El noventa y cinco por ciento del comercio mundial se realiza por mar gracias a unos 50 000 buques cisterna, graneleros y buques portacontenedores. La mayoría de estos barcos utilizan diesel.

Los ingenieros pretenden utilizar la energía eólica para sustentar los barcos. Su propuesta consiste en enganchar velas cometa a los barcos y utilizar el poder del viento para reducir el consumo de diesel y el impacto del combustible sobre el medio ambiente.

PREGUNTAS

1 Una ventaja de utilizar una vela-cometa es que esta vuela a una altura de 150 m. Allí, la velocidad del viento es, aproximadamente, un 25 % mayor que sobre la cubierta del barco. ¿A qué velocidad, aproximadamente, sopla el viento en una vela-cometa cuando sobre la cubierta de un buque portacontenedor la velocidad del viento es de 24 km/h?

a. 6 km/h b. 18 km/h c. 25 km/h d. 30 km/h e. 49 km/h

2 Aproximadamente, ¿qué longitud debe tener la cuerda de la vela-cometa para tirar del barco en un ángulo de 45° y estar a una altura vertical de 150 m, tal y como se muestra en el dibujo de la derecha?

a. 173 m b. 212 m c. 285 m d. 300 m

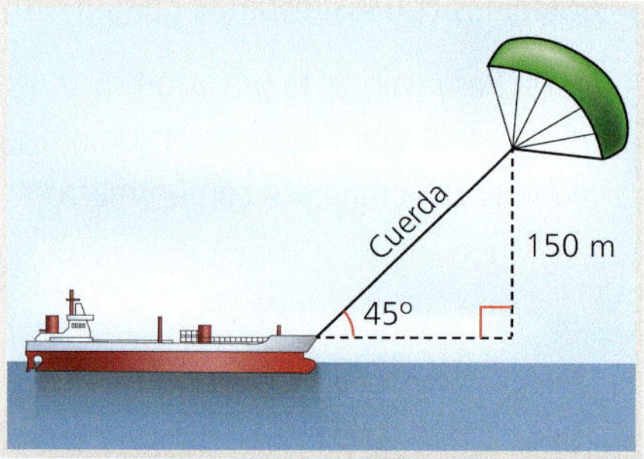

3 Debido al elevado precio del diesel, de 0,42 zeds por litro, los propietarios del barco NewWave están pensando en equiparlo con una vela-cometa. Se calcula que una vela-cometa como esta puede reducir el consumo total de diesel en torno a un 20 %.

Nombre: NewWave
Tipo: buque de carga
Eslora: 117 m
Manga: 18 m
Capacidad de carga: 12 000 toneladas
Velocidad máxima: 19 nudos
Consumo de diesel al año sin una vela-cometa: aproximadamente, 3 500 000 L

El coste de equipar al NewWave con una vela-cometa es de 2 500 000 zeds. ¿Tras cuántos años, aproximadamente, el ahorro de diesel cubrirá el coste de la vela-cometa? Justifica tu respuesta por medio de cálculos.

LA NORIA

A la orilla de un río se encuentra una noria gigante. La noria tiene un diámetro exterior de 140 m y su punto más alto se encuentra a 150 m sobre el cauce del río. Da vueltas en el sentido indicado por las flechas.

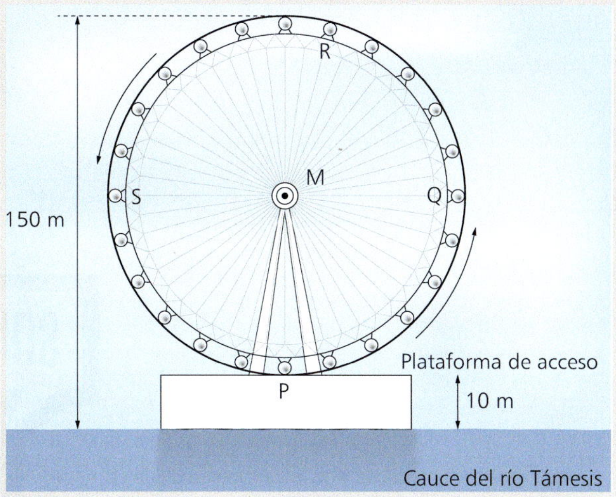

PREGUNTA

1 La noria da vueltas a una velocidad constante. Tarda exactamente 40 min en dar una vuelta completa. Juan inicia su viaje en la noria en el punto de acceso, P. ¿Dónde estará Juan después de media hora?

a. En R **b.** Entre R y S **c.** En S **d.** Entre S y P

EDIFICIOS

La figura muestra un modelo matemático del tejado de una casa con las medidas correspondientes. Dicho tejado tiene forma de pirámide.

La planta del ático, ABCD en el modelo, es un cuadrado. Las vigas que sostienen el tejado son las aristas de un bloque (prisma cuadrangular) EFGHKLMN. E es el punto medio de AT, F es el punto medio de BT, G es el punto medio de CT y H es el punto medio de DT. Todas las aristas de la pirámide miden 12 m de longitud.

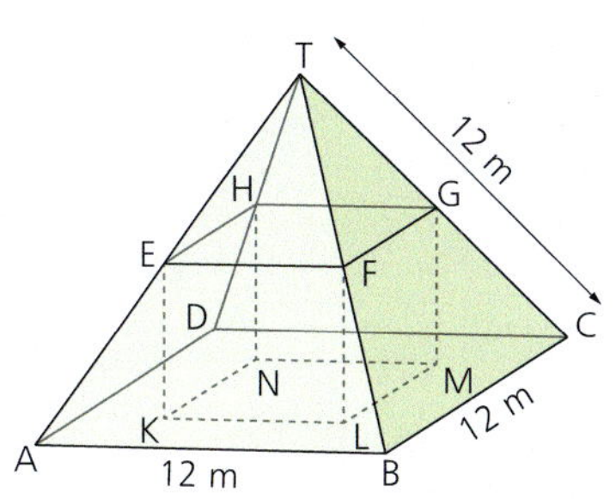

PREGUNTAS

1 Calcula el área del suelo del ático ABCD.

2 Calcula la longitud de EF, una de las aristas horizontales del bloque.

somos #link